[美]
兰塞姆 · 斯蒂芬斯
(Ransom Stephens)
著
陶尚芸
译

左脑说 右脑笑

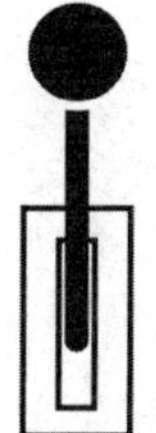

天津出版传媒集团
天津人民出版社

图书在版编目（CIP）数据

左脑说，右脑笑 / (美) 兰塞姆 • 斯蒂芬斯 (Ransom Stephens) 著；陶尚芸译 . -- 天津：天津人民出版社，2022.4

书名原文：The Left Brain Speaks, the Right Brain Laughs

ISBN 978-7-201-17458-7

Ⅰ . ①左… Ⅱ . ①兰… ②陶… Ⅲ . ①心理学－通俗读物 Ⅳ . ① B84-49

中国版本图书馆 CIP 数据核字 (2021) 第 156684 号

左脑说，右脑笑
ZUONAO SHUO YOUNAO XIAO

出　　版	天津人民出版社
出 版 人	刘　庆
地　　址	天津市和平区西康路 35 号康岳大厦
邮政编码	300051
邮购电话	(022) 23332469
电子信箱	reader@tjrmcbs.com
责任编辑	谢仁林
装帧设计	WONDERLAND Book design 仙境 QQ:344581934
印　　刷	天津中印联印务有限公司
经　　销	新华书店
开　　本	880 毫米 ×1230 毫米　1/32
印　　张	9
字　　数	192 千字
版次印次	2022 年 4 月第 1 版　2022 年 4 月第 1 次印刷
定　　价	58.00 元

事情没有这么简单。

——迈尔斯·迪伦[①]

引自他的《万物皆在此》（*Everything*）一书

①迈尔斯·迪伦（Miles Dylan）是一位虚构的哲学家，虚构者是一对大学室友，他们的名字是迈克尔·文森（Michael Vinson）和克里斯·杨（Chris Young）。迈尔斯·迪伦不是真实的存在（因此也不会实名出版），这就赋予了人们极大的自由，可以随意将一些不知道归属且可能不那么受重视的智慧花絮归为此类，类似于“佚名”。有关完整的参考资料，请参见迈尔斯·迪伦的《厕纸》（*The Toilet Papers*）。

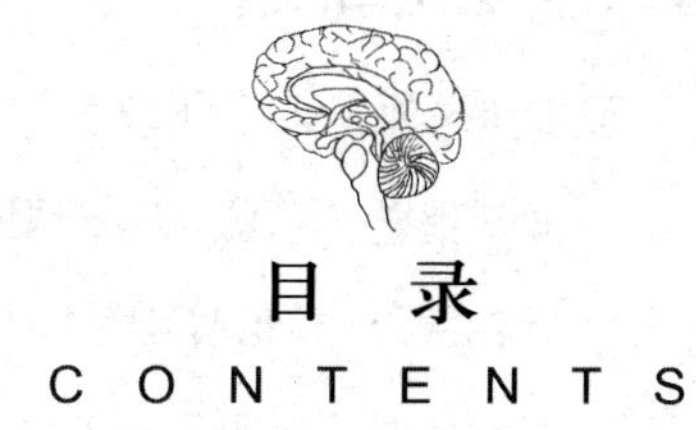

目　录
CONTENTS

第三章　生和死

第四章　天赋和技能

第五章　理智和直觉

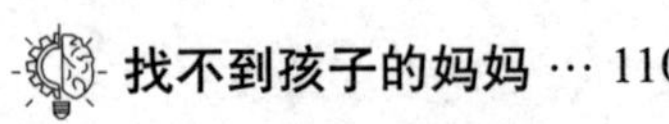

第六章　分析力和创造力

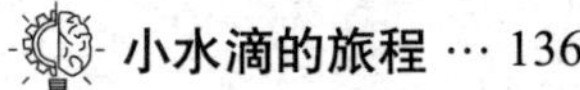

第七章　独处和相聚

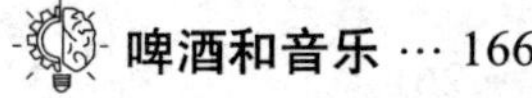

第八章　科学和艺术

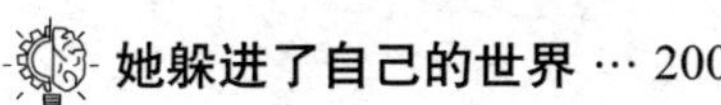

第一章　你和我

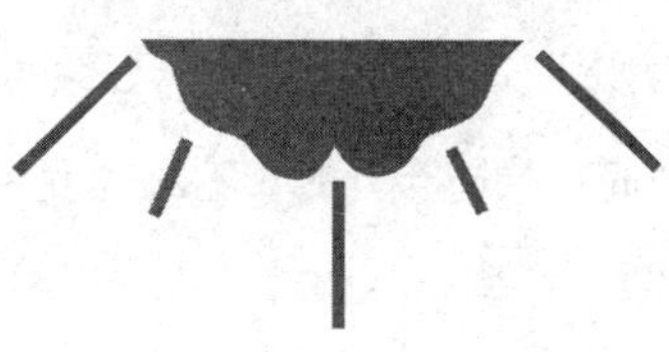

彩虹的秘密

先说说一组对立词：睁眼和闭眼。

当斯黛拉（Starla）醒来时，感觉有光束穿过自己紧闭的眼睑，她顿时明白，房间里已经有了亮光。

这就是视觉意识（visual awareness）的效果。我们在研究视觉意识之前，首先必须了解光线明暗的对比观察。我们对“白天和黑夜”“光照和阴影”这种对立词的浅显察觉，可以称为“一阶视觉”。我们从这个简单的起点开始，不断开发更高层次的视觉意识，最后实现由简入繁的过程。

此外，我们要找到切入口，那就从清晨开始吧。

这时，闹钟响起了一段《睡魔降临》（*Enter Sandman*）[①]般的叫醒曲，斯黛拉睁开了双眼，伸了个懒腰，赶走了朦胧的睡意。

她听到雨点敲打窗户的声音，不禁疑惑：下雨天，窗帘周围怎么会漏进来如此明亮的光线呢？

---

①《睡魔降临》：一首重金属歌曲。

于是，她拉开窗帘，目睹了烟雨和阳光共存的魔力。黑压压的乌云终于缓缓地移开了。太阳光透过阴云，照亮了山谷对面的群山。起初，光线的颜色看起来很淡，但后来，她瞧见一道彩虹在地平线上划出了一道弧形。既然看见了，就不能视而不见：这道彩虹的最上面是红色，接着是橙色、黄色、绿色、蓝色、靛色，最下面是紫色。

此刻，也许她想起了七色彩虹。或者，也许她在默念这种七彩共存的魔力，并想象一幅栩栩如生的画面：她就在彩虹之上的某个地方。也许她描绘了一系列的情景：光线进入球形雨滴，融入其成分色彩当中，比如，融入三棱镜或平克•弗洛伊德（Pink Floyd）摇滚乐队专辑封面，然后从雨滴的另一侧反射回她的眼睛。或者，也许她会迅速穿上衣服，走出门外，去寻找彩虹尽头的金罐[①]。

我们将拭目以待故事的结局，但我们明白，故事的源头是“明暗二分法”。当斯黛拉打开窗帘时，明暗光线又扩展成七色光谱。所以，这与大脑二分法有关——左脑和右脑的分工不同。每一项科学探索都是如此。我们不从最简单的情形开始，这很好；但我们并不聪明，如果不从简单的事情开始，就无法进一步理解复杂的事情，因此，我们从一阶视觉和简单的二分法开始。

让我们回顾一下，仔细瞧瞧斯黛拉的视觉体验。她的一阶视觉

①译者注：在爱尔兰民间传说中，小矮妖守护的金罐就在彩虹的尽头。

区别明和暗；然后，当她的光线视野完全打开时，她产生了“二阶视觉”，看到了多色光谱：以红色开头，以紫色收尾，中间可以划分成无数种色彩，此处特指在红色和橙色之间划分颜色。

如果她乐意的话，也许她开始给颜色命名了，比如，低调的橘红色和耀眼的玫红色。她还可以将颜色分类，从类别到子类别，再到子子类别，一直划分下去。这听起来很无聊，有点儿像集邮。许多科学犹如集邮，但那不是本书中研究的科学类型。

斯黛拉收回了思绪，走进了厨房，打开了咖啡机。她还在思考彩虹中无限的色彩变化，突然瞥见微波炉上方的金属乐队（Metallica）的黑光海报。她没有质疑室友的室内装饰选择多么荒谬——毕竟她刚刚醒来——而是盯着那张狂喷火焰且电光四射的重金属音乐海报的人工荧光：海报的主打色是怪诞的绿色和火爆的熔岩色。她意识到这些颜色并不在彩虹七色光之列。

“这到底是怎么回事？”她思忖道。

她把咖啡粉舀入过滤器，突然想起一个知识点：人眼只能检测到三种颜色，我们看到的每一种颜色都是红色、绿色、蓝色的组合——她想，这三种颜色可能还有更讲究的名字，也许就像她的笔记本电脑附赠的“免费”打印机中标价过高的墨盒一样，还有品红色、黄色和青色。想到这里，她一走神，又舀了一勺咖啡粉倒入过滤器。

她猜想，金属乐队海报中的黑光一定是三种基本颜色的组合，否则肉眼看不见。由于彩虹中的颜色来源于将太阳的黄白光分离成多色光谱，因此，黑光的颜色一定是红色、绿色和蓝色的某种组合，但要强调的是，这些独立成分不同于彩虹中的阳光。

她打开电源，希望咖啡快点出来。她意识到，早上想太多可能危害极大。这种想法让人联想到咖啡的颜色，于是她给这种颜色起名为重金属铜锈。想到这里，她咯咯地傻笑起来。

温馨提示一下，当我们的女主角盯着早餐咖啡思考的时候，她对颜色的理解已经上升到“三阶视觉”了。“三阶”很复杂，包括光的明暗、彩虹光谱、荧光黑。

最后，斯黛拉啜了一小口咖啡，她不知道当初室友是如何说服自己同意用金属乐队海报来装饰厨房的。

此时，斯黛拉的血管里弥漫着咖啡因，她的脑洞大开，从沉迷于色彩的思考者，华丽转身为在异国他乡参加会议的商务人士。想象一下，当她挤进车厢一个靠窗的座位，凝视着同一片雨云的时候，假定就是同一道彩虹吧，她真不知道彩虹之名从何而来。彩虹为什么不叫彩带？从上面看，彩虹是不会碰到地面的。它甚至不是弧形，而是一个封闭的圆圈。她回想起小矮妖在寻找金罐时浪费的时间，突然意识到两个真相：第一，爱尔兰似乎永远不会保持经济繁荣的原因；第二，还有另一道彩虹，它比第一道彩虹暗淡得多，颜色也颠倒了，最上面是紫色，最下面是红色。现在，斯黛拉已经找到“四阶视觉”了。

视觉体验：如剥洋葱般获取层层惊喜

我开篇便列举了斯黛拉对彩虹的视觉体验，因为它展示了科学的进步。就像剥洋葱一样，我们一次剥掉一层皮，体验从无知到无所不知的过程。

明暗光线之外，还有其他的光线。同理，左脑、右脑之外，还有其他的思维方式。但是，左脑和右脑是我们思维起跑的地方。不过，这种二分法有点错误，如果以此为基础，就是玩世不恭了。

是的，这完全是个诡计。

在本书中，我将会和大家一起探讨：创新如何导致新的发现？艺术和科学如何完全不同（但也差不多）？即使我们似乎无法聚在一起，为何也从不孤单？分析和直觉如何相互依存？天赋和技能为何无法区分？反之亦然。生命是如何从死亡中建立起来的？为什么朋友之死如此令人难受？

大家将会注意到，每个章节的标题都是由两个对立词组成，我们通常认为它们是相互独立的概念，而结果证明两者之间有着深刻的联系。是的，甚至生与死，也是深刻关联的对立概念。在你对上一句看似明显荒谬的言论出示黄牌之前，先搞清楚我的意思吧。然后，扔掉黄牌，点球 12 码或 15 码[①]，这样我们就可以交谈了。

顺便说一句，我将把本书所提到的美国本土的尺寸都转换为国际度量衡，包括足球在内。

前言已经讲完了，让我们言归正传吧。

当斯黛拉听到雨点敲打窗户的声音时，她很奇怪为什么下雨天会如此明亮，大家都来想想那一瞬间吧。如果没有遇到那种困惑，她永远也不会打开思维，去分析彩虹，甚至找到色彩的原理。那一瞬

①译者注：在足球比赛中，守方球员在己方禁区内犯规而判罚的一种定位球。

间，她意识到某种不寻常的东西从自己的感官中迸发出来，并融入了自己的意识当中，这个惊喜是她的整个觉察过程的关键。如果这一切从未发生过，斯黛拉的厨房里可能还会挂着那张金属乐队海报。

左脑和右脑：创造美丽和理解的地方

在现代神经科学出现之前，弗洛伊德（Freud）和荣格（Jung）等人试图揭开大脑之谜，于是诞生了最初的尝试性见解。解剖学研究证明，除了眼睛、耳朵、鼻子、胳膊、手、腿和脚之外，人们的大脑似乎有两个副本：左半脑、右半脑。一阶视觉——只能感知光线明暗的阶段——是左脑控制身体的右侧，右脑控制身体的左侧。就像绝大多数关于大脑运作的信息一样，这种洞悉来自医生对脑损伤患者的观察。

以“布尔战争”期间的英国军官格雷厄姆（Graham）为例。假设在一百多年前，我们来到一家南非酒吧，看到脾气乖戾的格雷厄姆指着坐在几只凳子之外的一名苏格兰士兵破口大骂，说他是一文不值的酒鬼。苏格兰士兵恼羞成怒，站起来想大吵一番。格雷厄姆见状，连忙伸手去掏手枪。苏格兰士兵也掏出了手枪，他喜欢动口，却失望地发现要直接动手。两个人面面相觑。现在，你和我都吓得滚出了酒吧。我们听到从酒吧内传来一声枪响，接着是一片寂静。我们透过门往里看，发现子弹已经打穿了格雷厄姆的左脑。我们冲了进去，建议按住伤口。苏格兰士兵意识到自己的行为不厚道，于是开始帮格雷厄姆止血。经过几个月的治疗，格雷厄姆的伤痊愈了。

由于失去了左半脑，格雷厄姆无法通过右眼看东西或用右耳听东西；他无法控制自己的右臂或右腿，虽然他可以用右鼻孔闻气味，但无法用左鼻孔闻气味。格雷厄姆还剩下半个脑袋可以运转，从而提供了一阶证据，证明左半脑和右半脑分别控制着身体的相反方向。在观察中发现，鼻孔不像其他感官和运动功能那样不对称，这一观察结果的差距表明，更高阶的微妙之处仍有待了解。还有更明显的差别，比如，格雷厄姆不能说话，也听不懂别人说话。

虽然左脑和右脑看起来非常相似，但它们在感官和语言处理中发挥着不同的作用。最明显的概括是左右脑叶扮演不同的角色，执行不同的任务。人的左脑是天生的会计，右脑是天生的艺术家，这是 1960 年出现的传言，结果证明，这是一个过度简化的说法。

不要对当今的神经科医生太苛刻，他们没有传播左右脑的说法，而是媒体在误传。但也不要对媒体太苛刻了，因为误传有两个因素：第一，人们反应过激，这是你可以对人类行为做出的一种假设；第二，科学进步的途径是递增的新发现，仿佛一层一层地剥洋葱皮，这是一个从无知到有知的过程。

右脑的确在创造力中扮演着重要角色，左脑也是如此。左脑将事物分解成可以理解的小碎片，右脑确保这些小碎片仍然适合一个更大的整体。

我们的书名是《左脑说，右脑笑》，这是我创作的作品，归我所有；也是你们购买的产品，同时归你们所有——这就是过度简化的说法的案例之一。在 19/20 的右撇子、4/5 的左撇子当中，左脑承担着语音产生和识别的重任，但如果没有右脑，你的幽默感就会完全丧失。然而，你的左脑会产生真正的哈哈大笑。所以，我们的书名是“大错特错但不是完全错误”的二分法的典型案例之一。如果你愿意的话，关于左脑和右脑的话题，我们可以取个这样的书名——《左脑讲个笑话，右脑领悟理解，左脑恍然大笑》。

（1）过度简化的大脑理论

为了更新你左右脑的角色，我们从这个过度简化理论作为指导原则开始，然后收集一些细微差别。这些角色将在下文中适应更大的模式，产生更大的意义。

让我们虚构一下这样的情境：请戴上太阳帽，我俩一起徒步走进十万年前的一片大草原。我们遇到了一个名叫布奇（Butch）的年轻人，他刚从洞穴中出来，他和10~30个穴居人一起生活在这里——他不知道有多少人，因为他顶多可以数到3。

布奇身上的狮子皮缠腰布破碎不堪，露出了伤痕累累的皮肤，散发出一种咄咄逼人的威力，所以，我们只好躲在芦苇后面。你发现池塘里有一群肿胀的河马。我开始嘲笑“肿胀”这个词，你提醒我，河马是外表巨大且粗糙的生物，可以用“肿胀”来形容，我只好闭嘴。

布奇也注意到了河马和圆形巨石后面的鸭子。他低头一看，发现了一块很好看的石头。他观察河马几分钟，然后站起来，稳住右脚，挥臂一投，石头飞了起来……砰！直接砸中了河马的眼睛，穿过了河马的脑袋。我们面面相觑，一致认为这家伙的手臂力大无穷。如果他是左撇子，在十万年后出生的话，他可能成为某一职业选手，你懂的。

现在让我们用慢镜头看一下刚刚发生的故事：

布奇发现了兽群。他的左脑在观察一只只河马，寻找符合这些标准的河马：看起来久坐不动，所以不大可能移动；河马肉足够喂饱整个部落；它在浅水里，他可以轻易捞上来；距离近，他可以打中它。与此同时，回看一下他的右脑：在竭力思考如何避免招惹麻烦。

为了繁衍生息，布奇必须在捕猎和进食中生存下来。左脑专注于手头的工作，右脑留意任何可能需要警惕的事物。左脑找出细节，而右脑约束这些细节，途径是不让微观细节与宏观大局相冲突。右脑也试图告诉左脑，布奇不能把河马带回营地，但他的左脑却以一种愉快的妄想式回答压制了这一警告："没关系，我一杀死河马，就会发明轮子！"他的右脑无奈地叹了口气。

你的左脑会把你带入疯狂的幻想，而右脑则会让你进行深刻的思考；你的左脑只见树木不见森林，而你的右脑只见森林不见树木；你的右脑撩开整个神秘面纱，而你的左脑负责筛选出细节。当左右脑一起思考的时候，你创造了美丽和理解，二者缺一不可。但有时，它们努力让你充满活力的时候，你希望二者合作，它们却互相压制。

不要把你的右脑想成是一个未被充分利用的创意天才，也不要把你的左脑想成是一个超负荷运转的分析者。这里有两个选择，可以创新和改进这个过度简化理论。

- 你的左脑是一个对事物着迷的孩子，你的右脑是一个溺爱孩子的家长。
- 你的左脑是个爱妄想的白痴，你的右脑是个爱评判的混蛋。

就像所有过度简化的二分法一样，你可以从这个概念中获得一些好处，但如果你过于认真地对待它，就会犯错误。让我们再往深里“剥几层洋葱皮”吧。

（2）大脑结构中的专业名词

新大脑皮层指的是大脑中起皱的粉灰色外层。当你的新大脑皮层被剥离并铺在桌子上时，它的厚度约 3 毫米。左右两个半脑看起来差不多，不过右脑更大一些，也更白一些。之所以会出现这种色差，是因为左半脑有很多局部处理中心，有更多的灰色神经元，而右半脑有更广泛的连接，线路更长，绝缘更好。两个半脑通过名叫“胼胝体”（corpus callosum）的神经连接群进行交流——不要担心这个术语，它下次出现时，我会再次解释它的意思。

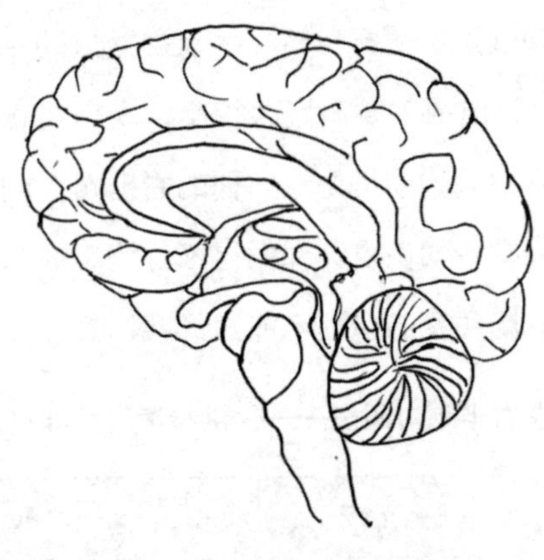

图 1　大脑

大脑的内部被称为“边缘系统”（limbic system），由一堆结核状的物质组成，除了松果体之外，它的每个组成部分都有左右脑两个版本。大脑内部的左右两侧是由另一组神经纤维——前连合（anterior commissure）——连接而成。

在这一点上，生理学实践强调的是左右脑叶真正分开。我们大多数人的左右脑对称，同时扮演着协作和冗余的角色。你有两只胳膊，如果一只胳膊被切断，就不能再练习快球了，但你还有一只胳膊，这比没有胳膊的存活率高很多。同样的道理适用于左右脑问题。

这两个脑半球最显著的影响是：如果你的右脑不知何故遭到关闭，你不会注意到周围的人，你可能也不会注意过去了几个小时；但如果你的左脑遭遇关闭，你就会看起来像个低能儿，不仅因为你会丧失所有的口语或书写能力，还因为你将无法照顾自己或他人。

为了理解左右半脑如何竞争、协作和提供冗余度，我在下面的表 1 中列出了左右脑的一些区别。

我整理了之前阅读过的所有材料，并从交谈过的专家那里搜集了信息，制成了表 1，但请不要照搬。相反，大家要意识到，这些区别只是皮毛而已，它们的前提是——你的右脑负责创造，而你的左脑负责分析。如果有些知识点让你觉得不舒服，你却不知道为什么，那是因为你的右脑和我的左脑不能达成共识。

表 1 左右半脑对照表——仅供参考，而非绝对

属性	右脑	左脑
概述	如何做	做什么
	即时的直觉	深思熟虑的预测

续表

属性	右脑	左脑
概述	识别问题	解决问题
	查找矛盾	坚持并努力进入想象中的完美之地
新体验	对新奇事物、新信息、培养技能感到兴奋	将新的信息和技能整合到现有的环境中
	当期望破灭时，接受新的体验	假设期望会实现
	“啊哈”，突然顿悟	逐渐理解
	解释与事实相符	编造，描述，辩解
关注度	广泛，灵活，容易分心，不浮夸	高度关注局部，开发抽象的背景，可能陷入痴迷
面部识别	带有轻微的种族偏见	较少的面部识别，没有天生的偏见
面部表情	无意识的，诚实	自愿，具有欺骗性
情绪	共情，识别他人的情绪反应	识别复杂的情绪，但不把事情看得那么严重
	紧张，倾向于悲观、消极、恐惧、哀悼、悲伤	开朗，乐观，逗趣

续表

属性	右脑	左脑
象征性和抽象性	看到“7”会产生想法，但不会联想到“七”	能处理数字符号或特殊数字
	大多不浮夸，但更倾向于隐喻	断章取义，使它们变得抽象，引发幻想
	夸大了整体的期望	找到并分离整体的普通元素

这门科学还有很长的路要走（请注意，我已经在表中将左右脑位置对调，让读者的双眼把每一栏信息和相对应的半脑联系起来）。

思维与大脑：要先做出假设才能推测

如果不以自我为参照，那么，使用思维去理解大脑的思维机制，就是毫无意义的事。

哲学家在思考“伟大的问题”时，往往会陷入困境。笛卡尔（Descartes）的“cogito ergo sum”（我就知道这一句拉丁语，意思类似于“我思故我在”），就好像在夏末的夜晚凝望星空，你会陷入奇思怪想。尽管这是一件妙趣横生的事，但它并没有起到什么作用。至少在过去的两百年里，科学需要做一些简单的假设并加以运用，以便实现其目标。

从卢克莱修（Lucretius）到萨特（Sartre），哲学家们一直在争论，大脑和思维是不是同一回事。思维是一种形而上学的东西吗？它与你脑壳里的大量白色和灰色的湿件[①]紧紧相连吗？或者说，思维是大脑的产物吗？

艾萨克·牛顿（Isaac Newton）在他的第一条推理规则中奠定了科学方法的基础："我们不承认自然事物的原因，只承认那些既真实又足以解释其表象的事物。"换句话说，我们尽可能做最简单的假设，直到它们遭遇可观察和可重复的矛盾的干扰。假设思维是纯粹由肉体产生的，那么，大脑内部的物质互动比把一个形而上的头脑置于一个肉体中更容易引起问题。请记住，实验科学的全部意义在于抛弃看似合理的假设。因此，如果你喜欢身心结合的精神境界，请密切关注这些数据；如果你是对的，纯粹的物理假设将会失败，你可以当面发推文给兰塞姆·斯蒂芬斯（也就是我）！

在本书中，我们只会做一些必要的假设去推进研究，在做出这些假设时，我们会小心翼翼、有意识地去做。例如，我们假设宇宙存在，假设有一个外在的现实，假设我们知道沉睡和清醒之间的区别，假设啤酒比葡萄酒更受欢迎，假设摇滚乐比爵士乐更出众。

工作机制：大脑是一个创造性工具

……为什么我们会如此纠结大脑的问题呢？

我不知道你们在这里做什么，但我想知道大脑如何运作，就像

---

①译者注：计算机专用术语，指软件、硬件以外的其他"件"，即人脑，也通常指人脑和机器连接起来的设备。

我想知道任何东西的功效一样——这就是“理解”的兴奋点。于是，我可以将这种理解付诸实践。我们研究的神经科学包括：人类为何重视某些事物？天赋和技能如何彼此滋养？整体如何从各个部分产生？结果，我们会培养直觉，把每件事都做得更好。

好吧，稍等一下。

大家阅读的不是一本心理自助书；我不是假装知道一切答案；我不做秘密交易；我的兴趣在于给大家精美的阅读材料，此外，别无他求。本书中提供的唯一答案来自一门婴儿科学，它刚刚开始揭示大脑的工作机制。但是，当你明白某个事物的工作机制时，就会形成直觉：它能做好什么、不能做好什么、如何定位成功。我和你可以成为更好的人：更好的合作伙伴、更好的朋友、更好的地球公民。我们可以单独面对问题，也可以共同面对问题，而大脑是创造解决方案的唯一工具。我们有意识的时间只有几十年，我们应该多动脑筋。

在最好的情况下，我们要这么做；在最坏的情况下，我们也要笑脸以对。所以，我们懂得创造和欣赏、理解和同情，我们要多一些爱，少一些恐惧，如此等等。

在本书中，我们会特别关注创造力，因为大脑本身就是创造性的工具。

我们将探讨导致艺术和科学领域惊人成就的神经科学过程，当我们获得“啊哈”灵感时，大脑中会发生什么？当我们经过深思熟虑的努力获得解决方案、发明或杰作时，大脑中又会发生什么？

我们将尽量少用术语。如果你想要勾勒大脑中所有的褶皱和沟槽——专业人士称之为脑沟（sulci）和脑回（gyri）——功能磁共振成像（fMRI）、正子断层扫描（PET）等，请看本书最后列出的“参考文献”。也就是说，当我们需要应用大脑生理学的时候，或者当它太迷人（或有趣）而让人无法抗拒的时候，我们就不会回避它。

我的专业背景是实验粒子物理学、技术研发、科学和小说写作。作为一名物理学家，我将提供一些关于物理系统工作机制的科学见解。作为一门成熟科学的资深研究员，我将努力超越这门崭新科学的初步成果，并尽力提供有关的指导：神经科学的发展方向是什么？我们应该何时持怀疑态度？有什么不大可能随着这一领域的成熟而改变？作为神经科学的爱好者，我会和大家并肩作战，一起探索未来的世界。

最后强调一点，我们追求的不是连续的信息转储。在后面的章节中，我们将紧紧围绕着概念阐述和剖析。随着日益递增的复杂性，你会不止一次地遇到某些事物，学习起来会更容易。每当某个课题再现的时候，我都会提醒前面讲过的内容，这样你们就不必回头去翻看了。我希望这样的重复不会让人烦恼，而是会有所助益。

你们马上就要见到神经科学领域的鼻祖了。准备迎接艰苦的阅读吧！

第二章　动物和人类

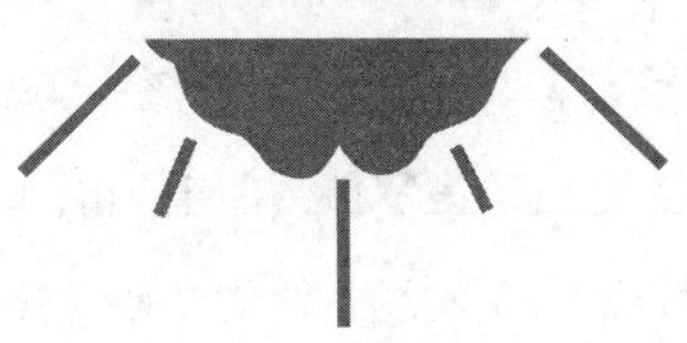

乐观的小男孩

1893 年，弗兰克•兰塞姆（Frank Ransom）的母亲去世，那时他才 3 岁。当时，他被送到奥克兰的一家孤儿院，这家机构专门为那些委托其喂养和训练孩子的家庭提供免费劳动力。容我说句话，这里潜伏着丧心病狂的虐待。

然而，对于自己的悲惨童年，弗兰克从不曾说一句抱怨的话。他描述了一个朝气勃勃的天堂：在北加州温和山区的牧场里，在一群非常慷慨的金主的指导下，他赶着牛，挤着牛奶，在田野里劳作。

9 岁时，弗兰克去了圣罗莎（旧金山以北大约 60 英里，1 英里=1.609 千米）附近的一个农场，给史密斯（Smith）先生当学徒。弗兰克讲述了他住在谷仓里，和马一起睡在马厩干草上的故事。当有人问起这段往事的时候，他没有说史密斯夫妇不让他进屋子，而是说他自己不想离开马。

圣诞节前夕，史密斯先生走出家门，来到谷仓，给了弗兰克一个橘子。弗兰克把那个橘子描述成了柑橘圣杯。他专心致志地剥橘子皮，当橘子肉吃进嘴里时，他突然眼睛一亮；橘子的汁液涌了出来，顺着他的下巴往下流，把稻草床弄得黏糊糊的。他说得那么高兴，以至于他的孙子孙女们——在郊区长大的 4 个中产阶级的孩子，包括我——都渴望在透风的谷仓里度过平安夜，就睡在泥泞的干草上吃橘子吧。就只是一只橘子哦。

弗兰克是我认识的最积极的老头儿。他从不说任何人的坏话。

弗兰克只上到了小学三年级，他天生乐观，自信满满。在“大萧条”（the Great Depression）时期，他创办了一家成功的企业。在他的一生中，他最亲密的朋友包括州长、总统、职业运动员，甚至最高法院法官。当然，他认为，他认识的每个人都是他最亲密的朋友。可能有人会说，弗兰克是个积极乐观的人。

他最喜欢的一句话来自美国作家艾拉•惠勒•威尔考克斯（Ella Wheeler Wilcox）的一首诗的前几行：“你若笑，世界跟你一起笑；你若哭，只有你独自哭泣。”这个世界花了很多时间和弗兰克一起欢笑，只有当别人看到他哭的时候，他才喜极而泣。

视角层次：不同视角会引起不同反应

“你若笑，世界跟你一起笑；你若哭，只有你独自哭泣。”这句话对人类的行为充满暗示，让我深有感触。弗兰克一个人哭过几次？这样一个快乐的人是怎么从那个世界里走出来的？

无论弗兰克的积极乐观源于什么，他都善于发现每件事的积极面，无论发生什么，他都会建立积极的心态，并在此基础上加以巩固。这个面带微笑的小伙子正在挖马粪，他确定自己会找到一匹小马驹——积极乐观的小马驹哟。

本章讲的是关于视角的内容。

弗兰克即使在危急时刻也保持着积极的态度。“大萧条”来袭时，他和妻子格雷斯（Grace）有两个孩子。他认为，富人总是有钱可花，但他们不会像“咆哮的二十年代”（Roaring Twenties）那样在奢侈品上花那么多钱。他重新调整了业务结构，转为提供价格较低的奢侈品，这让他的生意在“大萧条”期间有所好转。就好像弗兰克在“大萧条”的粪肥里发现了一匹小马驹。

为了看看弗兰克是如何抓住积极面和抛弃消极面的，我们需要了解的问题包括：是什么给了我们不同的视角？我们如何陷入不同的存在状态？在我们有机会思考自己想要如何回应之前，我们的大脑是如何来回折腾我们的？因为我们的感官——触觉、味觉、嗅觉、听觉和视觉——是我们了解世界的窗口，所以，它们为我们能获得的各种视角奠定了基础。我们的感官以及我们处理感官的方式限制了我们的视角，就像它们限制了其他动物的视角一样。每一种动物看待世界的方式不同，物理视角也不同，我们可以从其他动物身上学到很多东西。我以一种纯粹自私的方式来表达这个问题。

我们对自己的视角有很大的控制力，但有些视角是由我们大脑用来理解周围世界的过程的顺序和速度而强加给我们的。本能反应、情绪反应和智力反应的速度不同，还让我们进入特定的视角，帮助我们生存和享受生活。但是，我们自认为进入文明社会的一万五千多年以来，我们已经创造了一个世界，在这个世界里，许多自动反应对我们起了反作用。比如“掐死你的老板”在当时似乎是个好主意，但你加薪的机会就渺茫了。

我们所做的每一件事中都有一个视角层次问题，从直接视角，到几乎无形，再到完全抽象。为了理解我们如何应对挑战，可以从一些简单的事情入手，比如，如何应对一只剑齿虎的随时突袭（将在下文进行阐述）。

但首先，我想说几句话，解答一下是什么让你们如此聪明（和漂亮）的。

自然选择：让你变得更弱小或者更强大

“自然选择”（natural selection）比达尔文（Darwin）的“进化论”（evolution）更具有描述性，因为它指出了这个过程的工作方式。随机突变（random mutation）会导致后代的随机变化，有利于生物体繁殖的变化往往会扩散。

你知道吗？有这么一句话：“那些杀不死你的，只会让你变得更强大。”其实，这句话的完整表达应该是：“那些杀不死你的，会让你变得更弱小，或者变得更强大。”这句古话的修正版本很好地描述了自然选择。如果一个突变让你们变得强大，这会让你们的后代变得更强大，让你们后代的后代变得更强大，以此类推。那么，这个突变很可能会成为你的优质基因。而让你变得更强大的突变就是适应。如果一个突变让你变得更弱小，我说的更弱小，是指你的生存能力下降，或者繁殖和养育能力下降，那么，这个突变不大可能脱离你的劣质基因。另一方面，如果它没有让你变得更弱小，或者让你或多或少地具备和以前一样的生存和繁衍能力，那么，它很有可能停留在基因库中。也许在未来的某个时候，这种突变可能与另一种突变为伍，这种结合可能让你变得更强大。带有这种延迟满足能力的突变被称为“延伸适应”（exaptations）——我们稍后再谈。

进入基因库的突变是“自然选择”的结果。听起来合情合理，对吧？嗯，掠食者和猎物都会发生随机突变，风景本身也是如此。仅仅因为一个突变让你更擅长繁殖，并不意味着它会进入你的基因库，因为基因库也会发生变化。

这是进化的反馈环路（feedback loop）：突变改变个体，个体改变环境。环境，包括其他动物，以及朋友和亲戚，它决定哪些突变对物种有利，哪些不利。那些受益的元素传给后代，后代改变环境，以此类推，环环相扣。如图 2 所示。

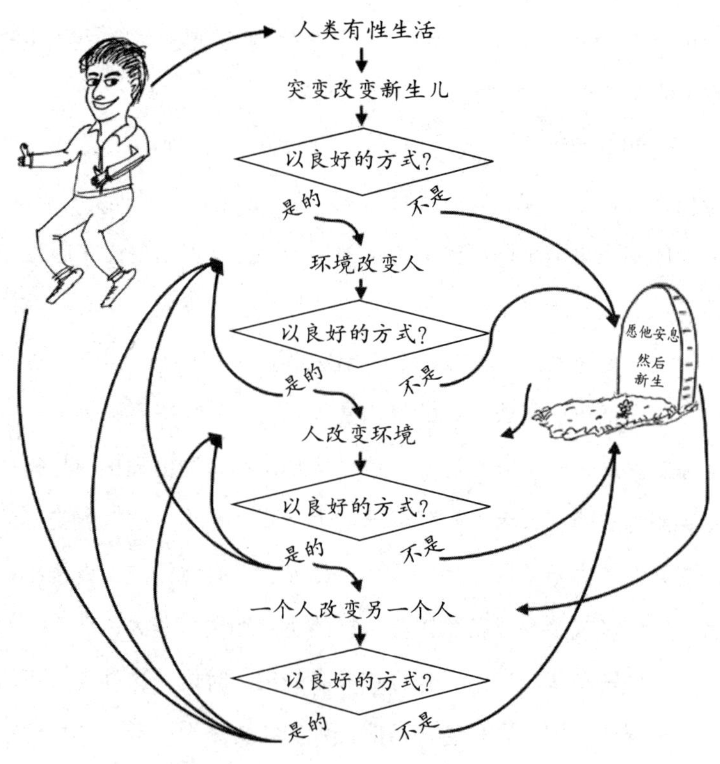

图 2　“自然选择”反馈环路

（1）基因突变

人类大约每隔 20 年就会产生新的一代，而且每次都会发生微小的随机突变。环顾四周，我们发现，在我们生活的几十年里，我们所接触到的四五代人之间几乎没有什么变化。所以，如果一个重大的基因突变需要经历 1000 代人的时间才能完成，那么，培育出一个完全不同的物种需要多长时间呢？几十万年就有几万次的突变，所以，这是人类自然选择的经验法则。不同物种的时间跨度不同。狗的一代生命时间大约是人类的 1/10，所以，郊狼、狼和小狗的进化速度是人类的 10 倍。地球上的大多数生命的一代只有几个星期；有些细菌几分钟就结束了。在如此短暂的世代中，生物学家和生物技师可以在午休时间做自然选择实验来观察适应力的演化过程。

随机选择并不比买彩票更明智。当婴儿出生时带有明显的突变，很有可能这个突变会杀死他。但是经过数十亿年的研究，数以百万计的随机突变很容易组成极好的适应力。

你瞧，人类进化享受一个轻松的时间跨度。说真的，达尔文并不着急。我是说，他已经去世很久了，但即使他还活着，那家伙也会有长远的打算。我们很少处理真正的关于含有大数字的问题，所以，与买彩票一样，我们在理解进化方面有困难也就不足为奇了。

（2）自然选择

物理学教我们使用理论预测世间万物的运作。如果你踢一个足球，告诉我足球的方向和速度，我就能计算出它会落在哪里。量子电动力学（quantum electrodynamics），虽然名字有点拗口，但它对氢原子行为的预测比人类所测量的任何东西都要精确得多。

进化论不能预测哪些突变会发生，它的职责也不在此。当你面对一大桶细菌，以及这些细菌所在的“化学汤”（chemical soup）的细节、温度、湿度和其他所有条件时，进化论无法预测这些细菌经过10万代之后会出现什么，它告诉你，任何幸存下来的东西都会比开始时更适合这些条件。进化论不能预测哪些突变会发生，只能预测幸存者会比他们的祖先更擅长生存。仅仅因为突变有益，并不意味着突变会发生。

我们提供的任何关于有机体如何或为何具有某种特征的解释，都必须符合自然选择的规律。从这个意义上说，进化论是对生物学解释的判断。但是，请务必小心行事，因为这里是生物学家、行为学家、神经科学家、心理学家、语言学家和哲学家的雷区——仅仅因为从自然选择的角度来看，这个解释合情合理，但并不意味着它就是对的。

在继续探讨之前，我想明确指出，通过自然选择来进化的事实在科学上是毫无疑问的，它构成了生物学、生物化学、生物工程和药理学的精髓。你不会在生物科技公司里发现拒绝自然选择的员工，如果你发现了，我建议你不要投资。

三位一体：青蛙脑、小狗脑和费曼脑

我们的大脑是自下而上进化而来的，所以，我们很容易将大脑中三个明显不同的部分区分为青蛙脑、小狗脑和费曼脑[①]——分别用

①译者注：费曼指的是美国著名物理学家理查德·费曼（Richard Feynman）。

来比喻爬行脑、哺乳脑和思考脑（如图 3）。神经生物学家们向我们保证，事情远没有那么简单。在数百万年的发展过程中，大脑每一步都在重新优化其内部线路。如果你不把马卸下来，装上变速箱，配上杀手级音响，安上漂亮的轮胎和轮子，那么，在马车里装上科尔维特[①]发动机也没有多大意义，换个方向盘可能也没用。

我将使用这个大脑“三位一体模式”的修正版本作为隐喻，而不是作为大脑如何运作的理论。只要我们不让这些隐喻发展壮大并践踏科学概念，隐喻就是阐释科学概念的绝佳方法。

（1）青蛙脑

从颈骨与头骨相连的地方开始，我们的青蛙脑由脑干和小脑组成。脑干是神经的集合，它控制着我们习以为常的所有过程，比如心率、呼吸和排汗。小脑，有时被称为“迷你大脑”（mini-brain），

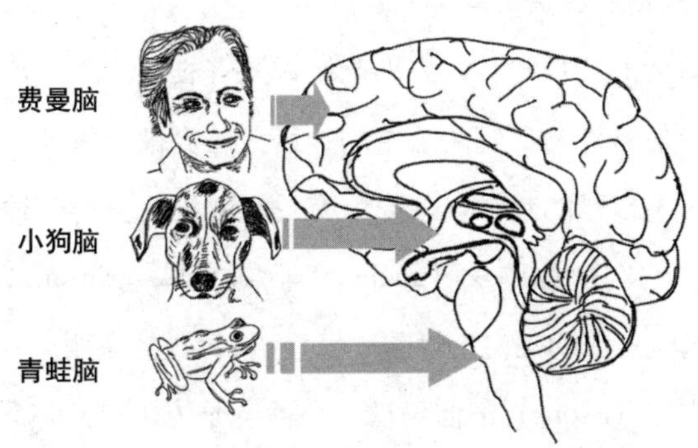

图 3　结构同图 1，只是命名不同而已

①科尔维特（Corvette）：美国雪佛兰超级跑车。

位于脖子后面的上方，是一个球状的处理器，由比大脑其他部分加起来还要多的神经元组成。小脑几乎每次都能协调你的动作——从跳舞到投掷，或者把啤酒杯举到嘴边。

从进化的角度来说，你的青蛙脑是你大脑中最古老的部分。它向你全身的神经元传递和接收信息——皮肤的触觉，性高潮，疼痛，填充和清空身体的各种生理冲动，等等。

我们意识到自己的全身布满了神经，既高兴又痛苦。神经向我们的大脑传递信号，并将指令从大脑传递到肌肉；脊髓是接受触觉并向肌肉发出指令的“电缆”，每一种感官都有这样一根电缆。视觉神经和听觉神经实际上是由成千上万束单个神经组成的，每束神经都携带着一个独特的信号。嗅觉和嗅觉神经也是一样的。味觉也是一个完全的神经系统，通过面部神经、舌咽神经和迷走神经（vagus nerves）将数据从舌头传递给大脑。

我们认为的“神经”，更准确地说是“神经元”，除了向大脑和身体传递信号外，我们大脑中的神经元还会像草稿纸一样，供我们在上面写下自己的想法。就像所有的生物细胞一样，神经元有一个细胞体，它容纳细胞核（nucleus）、染色体（chromosomes）和所有我们已经忘记的来自生物圈一号（Bio I）[①]的东西。

“轴突”（axons）把信号从一个神经元传送到另一个神经元。最长的轴突是从尾骨到大脚趾的坐骨神经，最短的轴突是大脑中相

①译者注：科学家们将人类休养生息的地球称为“生物圈一号”。

邻神经元之间的不到1毫米的连接。神经元只有一个轴突来传递信号，但可能有很多分支来接收信号，就像森林一样延伸出来，我们称之为“树突”（dendrites）。一个轴突可以连接许多树突，包括其自身的神经元的树突。当某个神经元的轴突连接到自身的树突时，轴突就会反馈自己的信号。

图 4

图 a 一个神经元

图 b 一个突触

细胞体直径约30微米（0.03毫米），略小于人类一根头发的直径。但轴突可能很长，宽度约为1微米（0.001毫米）。树突比轴突宽一点，但很少超过50微米（0.05毫米）。与轴突和树突连接的点称为“突触”（synapses）。有了身体的代谢中心（神经元胞体）、长轴突和身体周围的一簇树突，整个细胞体看起来有点像一棵树。

（2）小狗脑和费曼脑

往下一层，小狗脑被称为“边缘系统”（limbic system），是由看起来像器官的东西构成的；比如杏仁核（amygdala）、基底节区（basal ganglia）、下丘脑（hypothalamus），以及一堆其他可辨认的小玩意儿。

小狗脑是人们经常用到的区域，它会露出你是快乐或悲伤、害怕或自信的迹象；它会在你高兴的时候摇尾巴，在你着迷的时候竖起耳朵；它会让你感受七情六欲，比如饥饿、口渴和性欲。

往外一层，也就是费曼脑，这一区域让你研究数学物理、做有意识的决定、识别面孔、说话、计划和制定目标。它那看起来很均匀、皱巴巴的外层，叫作大脑新皮层（neocortex）。

理查德·费曼是20世纪最伟大的美国物理学家。当他参与研究曼哈顿计划（Manhattan Project）时，曾在高度机密的大楼中撬锁[①]；作为美国国家航空航天局（NASA）为调查“挑战者号”（Challenger）航天飞机爆炸而组建的调查小组的一员，他通过质疑官僚主义教条而发现了工程上的错误；他做了一系列关于基础物理的著名讲座，在过去的半个世纪，这些讲座让每个物理专业的学生都为之倾倒；他还通过在动画片《费曼图》（*Feynman diagrams*）中描述亚核过程，使物理学变得更加亲民——稍后我会展示给大家看。

将青蛙脑（脑干+小脑）、小狗脑（边缘系统）、费曼脑（大脑新皮层）看成不同时期进化的不同层次，这种想法很诱人。因为说实话，事情经过多多少少就是这么样的。但是，小狗脑中掺杂着一点费曼智慧，青蛙脑中掺杂着一点小狗情绪。也就是说，两栖动物和爬行动物本身可能不会感到愤怒，但它们似乎会对挑战做出反应。如果一只蜥蜴看上去气急败坏，行为也气急败坏，我愿意假设它就是气急败坏，而气急败坏是一种情绪。同样，当巴克利（Buckley，我的狗）想办法打开大门或者用它叼在嘴里的皮带把我从睡梦中吵醒时，这都是它的费曼脑在发挥作用。

---

①译者注：他偷偷打开放着原子弹机密文件的保险箱。

你的大脑将工作负载分配给数以百万计的子网络（subnetworks），这些子网络执行着让你继续前行的过程，每个子网络处理器也是其他处理器的构建模块。如果你的耳朵正前方的左脑受到损伤，你将失去说话的能力，因为那个区域有一个语音处理单元。然而，该处理单元是庞大网络中的一部分。为了讨论一个在北加州牧场长大的孤儿，你会把来自其他的局部子网络的信息联系起来，包括你对这个孩子的感觉、他是否独自哭泣或只是让全世界和他一起欢笑的信息，再加上你对柑橘、地理和20世纪有关历史的了解。当你接触到橘子时，视觉、嗅觉和味觉处理器的联想都会影响你要说的话，然后，你终于可以将所有这些包袱与较低层次的运动皮层处理器联系起来，该处理器通过向你内心的那把吉他的声带吹气来产生可听的声音。

大约95%的人，使用同样的大脑区域来完成同样的任务。如果一个人的这部分大脑受到重击，他就不能再说话了。他死后，看看他的大脑，看看他大脑受损的部分，那一定是他内心的倾诉者，对吧？嗯，有一点是，但不完全是。

功能磁共振成像可以产生你在参考书目中列出的杂志、报纸和书籍上看到的大脑彩色图像。随着功能磁共振成像技术的进步，微妙的心理过程被分离到了大脑的特定区域。读、写、算的处理器已经被发现，尽管这三者需要组合起来。面部识别已经被定位到右脑的一个区域，我们储存电影明星信息的地方已经缩小到几千个神经元。

费曼脑的处理中心不像器官那样有明确的界限，这就是我们的“青蛙—小狗—费曼”三脑一体比喻失去动力的地方。你可以剖开我的肚子，把我的胸腔撕开，然后把我的心、肝、胰、胃、砂囊——所有那些黏糊糊的东西——都掏出来，切断输入和输出（动脉和静脉），把每个器官放在一个单独的桶里。但我所说的处理中心不是独立的器官。如果你切开我的大脑，你就无法区分我的语音处理器和微积分处理器，因为，正如下文中所述，这两个处理器共享子网络。

你的费曼脑不是由执行独立任务的单个零件组成的；这是一个网络。左脑有局部的神经元簇，这个处理中心为其他处理中心和整个网络提供更高层次的数据。右脑也有处理中心，但在右侧，其神经元的连接更长，形成的子网络更大更广，但数量更少。

标上颜色代码，神经元细胞体是深灰色的。从神经元伸出来的轴突携带着电信号，它们需要绝缘，就像MP3播放器的耳机线一样。这种被称为髓磷脂（myelin）的生物绝缘体是白色的。左脑比右脑的灰度更深，因为它有更多紧密排列的灰色神经元，轴突较短。右脑灰度较浅，因为它的灰质神经元较少，轴突较长，呈白色。

左右脑连接方式的差异表明了它们的功能差异。左脑的局部子网络倾向于执行更集中的过程，而右脑的范围更广的全局子网络倾向于监控各个过程之间的广泛关系。

4F中心：面对一只剑齿虎，大脑如何处理

假如你正沿着街道走路，你拐了个弯，就看见一只剑齿虎耸立在你面前咆哮。关于对它的视觉和嗅觉进入你的大脑，但未经处理，数据首先到达你的丘脑（thalamus）。

丘脑是小狗脑的一部分，它是接收数据的中转站。我们的眼睛

扫描的物体比我们注意到的多得多，丘脑是决定我们所看到的事物是否值得考虑的第一步。丘脑立即将数据发送到杏仁核，杏仁核就是你的 4F 中心：战斗（fight），逃跑（flight），冻结（freeze），还有“交配”（mate）。

你的杏仁核将你面对这只剑齿虎时的视觉、嗅觉和听觉，产生恐惧的感觉，这种恐惧会导致一种名为肾上腺素（adrenaline）的行动激素注入你的血液。这样一来，杏仁核就会通知你的青蛙脑去加快你的心跳，你开始出汗，准备要么逃跑、要么战斗，或者用其他方式摆脱这一困境。

突触的轴突末端的小泡释放神经递质（neurotransmitters）。神经递质改变树突上受体的形状，打开一层膜，让信号从一个神经元流向另一个神经元。神经激素（neurohormones）和肾上腺素等神经递质在我们对生命、宇宙和其他一切的感受中扮演着重要角色。例如，当你内心的药剂师给你注射多巴胺（dopamine）时，你会感觉得到了回报和满足；胺多酚（nndorphins）就像鸦片类物质一样，能够阻止疼痛并产生愉悦感；催产素（oxytocin）和加压素（vasopressin）会让你感到渴望和信任；血清素（serotonin）会影响你的安全感和幸福感。还有其他几百种神经递质已被确认，但它们的作用并不明确，尤其是在组合中。就像这一领域的所有事情一样，我们要行事谨慎。正如我们对药物的反应不尽相同一样，我们对神经递质的反应也不尽相同。

恐惧的意识感觉，或者任何与之相关的感觉，都是在出汗、发抖、肌肉紧张等身体反应开始之后产生的。你先应该害怕，然后产生恐惧的感觉。大脑只是产生对恐惧的生理反应，这种生理反应反馈到丘脑，再到杏仁核，而杏仁核会产生恐惧的感觉。

在你遭遇剑齿虎的 0.2 秒内，你的杏仁核会做两件事。首先，它会启动你的“逃跑机制”，你就会拼命地逃离此地。其次，它把这个决定传给你的前脑。

你的视觉处理器需要额外的 0.25 秒来优化剑齿虎的图像。就在图像准备好让你的费曼脑思考之后，你的小狗脑产生的逃跑决定先抵达你的费曼脑，带着一剂荷尔蒙，产生一种确定的感觉。这种确定带来的自信让你的费曼脑相信，它确实做出了逃跑的决定，这样它就不会浪费时间先去揣摩你的小狗脑，而是立马逃离那里。

但请不要搞错：大量的实验证据表明，当信号从你的小狗脑传播到你的费曼脑时，你只需花一半的时间就能立即做出决定。你不可能在不到半秒的时间内意识到自己所做的决定。出于某种原因，或许是为了缓解智力对事件进展的消化，并保持延续的感觉，我们进化出了在不到 0.75 秒的时间内自动重新排序的能力。我不能代表已故的正牌费曼说话，也永远不会贬低他的好名声，但我们的费曼脑，就像配偶和公司高管一样，似乎需要一种控制错觉（illusion of control）。

幸运的是，由于剑齿虎也有类似的湿件，你的第一反应和它的行动时间是一样的，所以，你有机会逃脱。但是，一旦这 0.2 秒变成 0.5 秒，如果它还没有追上你，你的费曼脑就需要想出新办法了。

让我们再看一下到目前为止发生了什么，这次考虑的是连续输入的数据。

假设你在0秒时遇到一只庞大的剑齿虎，它反射的光会刺激你眼睛里的视杆细胞（rods）和视锥细胞（cones）。来自视杆细胞和视锥细胞的数据通过视神经传输到视觉处理器，这些处理器开始工作。第一张初步的图像——轮廓、边缘和边界——与之前存储在记忆中的图像进行比较；然后，最初的身体反应和图像的初步联系到达你的杏仁核；最后，你在0.2秒时开始逃跑。

在0.2~0.4秒的时间间隔内，数据输入和处理周期重复。有了更多的数据，这幅图像几乎可以让你的费曼脑去思考了。你满头大汗，心跳加速，你吓得半死，而且，你不要命地跑。更多的视觉、嗅觉和听觉数据分别抵达你相应的处理器。此外，你的杏仁核可以改善你的身体和情绪反应。

到目前为止，你甚至没有意识到发生了什么事!

最后，在0.5秒时，那种确定的感觉，再加上无边的恐惧，可以阻止你浪费时间去思考当时的情势。取而代之的是，你开始将刚刚出现的精致图像、气味、声音和身体感觉与你所处的环境、你可以使用的工具，以及对付剑齿虎的方法联系起来。也就是说，在0.5秒时，你开始将当时情况放在适当的语境中考虑——即使你已经跑了0.3秒也无妨。

几乎过了整整1秒钟，你的第一个有意识的想法就会慢慢进入你的脑海。通过“想法”，我的意思是，你体验了与记忆和运动有关的处理过的感官数据。这种关联本质上是对未来半秒或更短时间内将发生什么的预测。这种想法进入丘脑，然后被传送到大脑的各个部分。

不同的处理器将信息传送给彼此，以及胳膊和腿。所有后续的数据，包括新鲜的感官数据和由大脑创建的更为抽象的新数据，都会通过这个循环而返回。你的青蛙脑先做出反应，然后是你的小狗脑，在它们做出反应很久之后，经过一次又一次地行动，最后，你的费曼脑终于开始抚摸下巴思考和筹谋计划了。

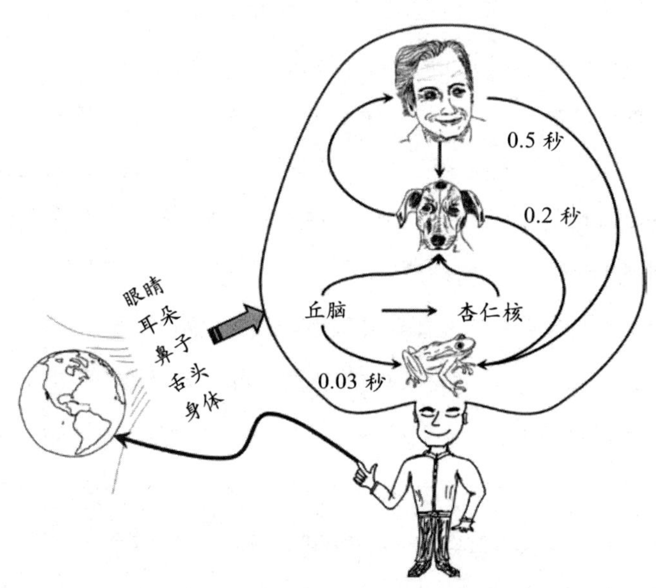

图 5　你的青蛙脑、小狗脑和费曼脑处理外界信息时的过程

你的优势是你可以使用工具。剑齿虎的优势太明显了。对不起，我看好的是剑齿虎，你的费曼脑太慢了。

好了，我们就到这里吧。

如果，当你拐弯后走到那个角落的时候，面对的不是剑齿虎，而是一个衣衫褴褛的老头，他正坐在桌旁，拿着一套象棋向你发出挑战，你该怎么办呢？

与处理这只剑齿虎一样，你的丘脑会把数据发送出去进行处理，但现在，当你的杏仁核接收到数据时，它不会产生恐惧——除非你像我一样，一想到要输给一个德高望重的怪老头，就会吓得无法思考。不是你的小狗脑告诉你的青蛙脑加快心率和拼命奔跑，而是你的杏仁核指示你的身体放慢速度，把你的目光集中在棋盘、老人的脸和时钟上。你的杏仁核不是将一种直接的确定性传递给你的前脑（费曼脑），而是提供了一种温和的不确定性。杏仁核不是传递“拼命逃离此地”，而是一边传递数据，一边耸耸它边缘的肩膀。

是否接受这个老人的挑战的决定，会产生很多影响。由于有足够的时间来处理这种情势，你的费曼脑提供了适当的语境和评估。但这种评估和语境并不冷酷，也不精于算计，因为你的小狗脑仍然生气勃勃，摇着尾巴，竖起耳朵。就像你的费曼脑学到的那样——下棋的玩法，比赛的经验，还有多少天，天气如何，等等——它把预测反馈给丘脑，让丘脑知道胜利、失败和厌倦的可能性。这些数据通过同样的反馈环路被你的小狗脑杏仁核处理，它会产生身体对胜利的荣耀、失败的痛苦和厌倦的潜在反应。这些预测由你对其概率的判断进行加权，会产生影响你的心率的情绪反应。也许你开始咬指甲，也许你坐下来，将棋子移动 4 格，或者你看了看手表，表明你要去别的地方。

无论如何，产生反应的思维过程是由一个整合了你的环境、你的身体和你的大脑的巨大反馈或前馈系统产生的。任何决定的做出都离不开情绪和身体上的反应，只有那些能提供至少几秒钟时间跨度的决定才包括深思熟虑。

（1）反应的时间跨度

反应时间受限于信号从一个神经元到另一个神经元、从感觉到大脑、从青蛙脑到小狗脑再到费曼脑的传播速度。由于信号沿轴突传播的速度约为 100 英尺 / 秒（70 公里或 110 千米 / 小时，约为声速的 1/10），因此，由距离较近的处理器做出的决策，比那些需要远程处理器进行协调的决策更快。

动作电位	0.001 秒
重置突触	0.005 秒
面部反应	0.03 秒
感知情绪	0.1 秒
大脑两半球间的信号传递	0.18 秒
紧急刹车	0.2 秒
意识到一个图像	0.3 秒
有意识思维	0.5 秒
培育突触	20 秒
散步	13 个月
说话	18 个月
生育	14 年
开车	16 年
喝水	21 年
死去	73 年

图 6　大脑对不同类型反应的时间跨度

你的青蛙脑只需百分之几秒，你的小狗脑需要不到0.25秒，你的费曼脑需要不少于0.5秒。但是，你的费曼脑训练你的小狗脑和青蛙脑。例如，当你犯了一个愚蠢的错误——按下错误的键，踩离合器而不是刹车，或者点了康胜清啤（Coors Light）而不是啤酒——你的前扣带脑皮质（anterior cingulate cortex）在不到0.07秒的时间内发出错误信号，这是青蛙的速度。即使是青蛙也能识别啤酒，但你的青蛙脑对键盘和汽车一无所知。

有意识过程和无意识过程的时间跨度表明，我们的许多决定是在我们有时间思考之前做出的。

（2）正向反馈和负向反馈

反馈是研究大脑如何运作的一个重要主题，所以，我们应该给它一点出风头的时间。

将反馈看作是将以前处理过的数据反馈回处理器的输入信息。你的眼睛收集画面，你的鼻子收集气味，产生一个经过处理的图像——冰凉的泡沫啤酒。你的反应是流口水，这强化了泡沫的形象，

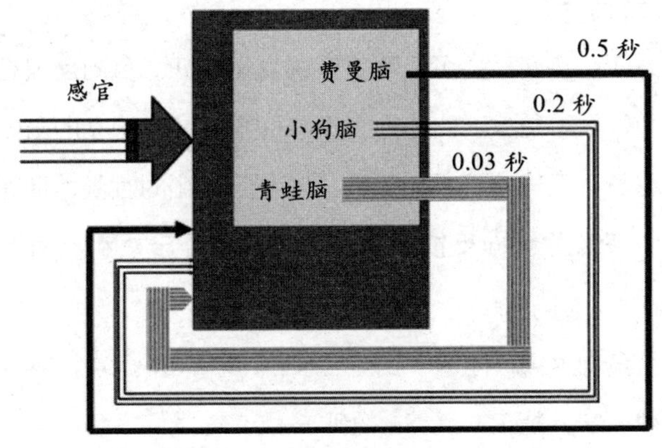

图7　反馈

于是你开始思考麦芽和啤酒花的平衡。由于时间跨度的关系，你的青蛙脑每旋转 15 次，你的小狗脑便旋转 3 次，你的费曼脑旋转 1 次。

反馈分为两类：正向反馈和负向反馈。正向反馈可以强化其信息输入，如果不加控制，就会导致极端行为；负向反馈可以抑制极端行为。正向反馈负责放大，负向反馈负责平衡或稳定。

当有人对着放置不当的麦克风说话时，你听到的那种响亮、尖锐、恼人的声音就是正向反馈。说话者对着麦克风讲话，被放大的声音从身后的扬声器里传来，扬声器发出的声音打在麦克风上又被放大了；第二种声音打在麦克风上，被放大并传输到第三种版本，第三种版本打在麦克风上，被放大并传输，以此类推；这种情况一遍又一遍地发生，甚至在说话的人停止说话之后，声音也变得越来越大。

修复音频反馈最简单的方法就是让扬声器远离麦克风。

当雪球从山上滚下来的时候，就会有更多的雪附着在雪球上，雪球越滚越大，最终可能会引发雪崩，这就是“雪球效应”（snowball effect）。正向反馈环路会自我强化，如果不加抑制，就会变得无法无天。

另一方面，负向反馈可以防止系统变得疯狂。负向反馈是一种平衡的动力，而不是放大的动力。炎热的夏天是由明亮的阳光造成的，白天越长，天气就越热。但是，当太阳下山的时候，世间万物都变凉了，黑夜的负向反馈把温度推到一个介于热和冷两个极端之间的稳定点。

饥饿是负向反馈：你饿了，就吃东西；你不饿了，就不再吃了。啤酒在某种程度上是正向反馈：你喝一点，感觉好多了；你再喝，感觉更好了；你还喝，就吐了，然后，第二天早上你觉得不舒服。上瘾，包括对食物和酒精的上瘾，发生在负向反馈失效的时候，让饱腹感或兴奋感的正向反馈打破了未上瘾的平衡。

我们对可欺骗的左脑和看门狗似的右脑进行了全新的过度简化，这为我们打开了一扇窗，让我们看到生活中需要的微妙平衡。弗兰克告诉我，他过着有史以来最幸福的生活，但他没说这是最容易的生活。他对这类问题置之不理。也许他对幸福的幻想使他渡过了难关。

对我们所有人来说，这种关键的平衡不时地动摇。由于许多原因，当看门狗似的右脑放松警惕时，就会上瘾。具有成瘾人格（addictive personalities）的人，其大脑前额叶（frontal lobes）的活动能力往往（但不普遍）会降低，从而减少抑制正向反馈的负向反馈。

现实接口：连接主观现实和客观现实

我们的感官构成了大脑和宇宙之间的接口，这是一个现实接口。有趣的是，你只能如此接近现实。

轴突电缆（axon cables）从鼻子到大脑中心，从眼睛到脑后，从舌头到大脑中心，从耳朵到耳蜗，它就在你的大脑里。这根多刺的、可弯曲的、包着骨头的电缆，从尾骨到头骨，再到大脑，提供了从这里到那里的一切。这种“这里和那里”模型有点像笛卡尔的二元论（dualism），但不需要一个形而上学的组成部分。

我们所经历的一切，以及我们现在和将来的一切，最终都来自感官输入。几十亿年前，当精子和卵子相结合时，形成的遗传密码

（genetic code）开始在自然选择的突变中随机游走。生物中的任意一类，从藻类到猿类，都是基于他们的感官输入。现在，你从自己的感官获取设备产生的电信号中创造一切——兰花的芬芳，恋人的抚摸，音乐的声音，还有繁星的景象。

我觉得很奇怪，我们的大脑里竟然没有神经。它充满了神经元、轴突、树突、髓磷脂——所有这些都是神经的组成部分——但我们的大脑里什么也感觉不到。外科医生可以在你完全清醒的时候进去看看，你不会有任何感觉。如果我们能感觉到自己的想法，那该有多奇怪？想想自己在未来成为一名传奇吉他手，你就会挠挠后脑勺；想象一只鸟儿在海上的热风中飞翔，你的枕叶脑（occipital lobe）就会发痒。医疗行业还可以在成像设备上省下一大笔钱：

“医生啊，当我想象她和那个家伙在一起的时候，我很伤心。”

“孩子，心碎是艰难的。”

“说真的，就在我的后脑勺，一阵剧痛。”

“哦。吃一片阿司匹林，写一首诗，你会好起来的。”

（1）主观现实与客观现实

对现实的定义很简单：物质在空间中相互作用。这几乎涵盖了所有发生的事情，对吗？即使是白日梦也是一种物质，因为它是由神经元交换储存在大脑中移动的钠离子、钙离子和钾离子中的电能构成的。

客观现实（objective reality）在任何地方都能解释一切，但我们却无法做到这一点。即使有设备，我们也差得很远。

如果你是色盲，你只能看到三种、两种，甚至一种颜色，这些只是恒星辐射的颜色中的很小一部分。所以，我们建造了设备来观察彩虹光谱以外的光、超视觉光（比如 X 射线）和亚视觉光（比如无线电波）。声音也是一样：你可以听到低至 20Hz（赫兹，每秒振荡的次数是以 Hz 为单位的频率）的声音，如果声音足够大，你可以感觉到更低的频率——从装饰华丽的汽车里不断传来低沉的节奏——可能高达 20000 Hz，远低于海豚（150000 Hz）和蝙蝠（200000 Hz）听到的声音。想象一下某人弹拨的吉他弦是如何来回摆动的。

因为宇宙并不是以你体验它的方式而存在的，所以，绝对现实和你感知到的主观现实（subjective reality）之间存在着巨大的差距。

更重要的是，由于我们的感官不一样，我们每个人用来创造现实的原始数据是不同的，因此，我们每个人创造了不同的现实。也许我听过声音更大的音乐会，结果听力下降了一点；也许你的嗅觉并没有因为你年轻时吸过各种各样的烟而变得糟糕；也许你并没有因为患上了眼睛不能见光的偏头痛而遭罪。

我们感知到的现实环境也因我们的经验不同而不同。你可能会想，在哪里可以听到愉快的、有创意的音乐？我可能会好奇，为什么有人会在可以猛击斯特拉特（Stratocaster）电吉他的时候却选择按喇叭呢？

我们的现实是连续的感知链。感知（perception），我指的是刺激和思想的联系。为了让现实有意义，我们需要语境；为了创造语境，我们将当前的感知与过去的经历和对不久的将来的期望联系起来，然后以一种有意义的方式将当前的感知塞进缺口。因为我们有着不同的经历和期望，所以，对你有意义的事对我来说未必有意义。下次你和别人说话的时候要仔细听。你们俩会谈论同样的话题，但如果你仔细听，我敢打赌，你会注意到你们的谈话内容并不完全相同，谈论的观点和现象也不尽相同。

如果你陷入了现在的处境——同样的年龄，同样的身体和大脑，但没有经验，没有任何先前的想法，没有语言技能，没有学习能力——那么，什么都说不通。你比迷路更糟糕；你甚至不能声称自己存在！你不能要求任何东西。

由于我们所感知的现实来自经过彻底处理的感官输入，所以，所有的现实都是虚拟的。爱因斯坦（Einstein）的话证实了这一点："现实不过是一种幻觉，尽管这种幻觉挥之不去"。

（2）鲸鱼、小狗、树、裸体人

为了搞清楚我们的差异是如何影响我们对现实的感知的，让我们来看看一种动物所感知的现实——感官可以适应完全不同的环境。

抹香鲸（sperm whales）是地球上最大的掠食者，拥有所有动物中最大的大脑，大约是人类的 6 倍。我们和抹香鲸拥有相同的 5 种感官，但使用它们的方式不同。

鲸鱼的眼睛很大，但因为海底浑浊，它们的大部分视觉活动并不是用眼睛。抹香鲸喜欢在大约 2 英里（约 3.2 千米）深的海底里猎食，在这里，哺乳动物的眼睛用处不大。为了看东西，鲸鱼、海豚和江豚会发出定向紧密的声音。当这些声音击中什么东西时，就会产生回声。鲸鱼根据所有回声的时间构造三维图像，包括形状和位置。

我们通过观察周围并收集周围物体反射的光来观看事物，但是，当鲸鱼看到某物时，它会向经过深思熟虑的具体方向发射声音，然后将反射回来的图像组合起来。

可视化技术（visualization techniques）的差异导致了感知的巨大变化。首先，从发出声音到探测回声所花的时间长度表示鲸和物体之间的距离。在不到15英尺（约5米）的地方，人们使用视差（parallax）——从它们左边和右边观察同一个目标所产生的方向差异——去测量距离。在较大的距离中，我们使用比例与经验相结合的方法估算距离。如果一个人看起来真的很小，你会认为他的距离更远。鲸鱼根据发出声呐声和听到回声之间的时间间隔来确定距离；距离越远，测量结果越准确，这与人类正好相反。

鲸鱼能“看到”物体移动的速度，以及此物体是在靠近还是远离自己，因为声音的频率发生了变化。如果一条鱼向鲸鱼游去，那么，反射出来的声音的音调就会略高一些，就像汽车驶近时的声音比驶离时的音调要高一些一样——多普勒效应（Doppler effect）。由于特定的色素不会改变声音从物体反射的方式，所以鲸鱼看不到颜色。相反，他们能“看到”某物有多坚硬。由于钢铁反射声音具有尖锐、高频的回应，而泥和海藻更容易被吸收，所以，鲸鱼看到的是硬度、脆性和延展性。它们永远不会相信，眼前的巨石形状的泡沫塑料实际上是花岗岩。

通过声音来观察事物，就像在黑暗中使用手电筒一样。在灯火通明的房间里，你可以看着我，而我不会知道你在看我，除非我捕捉到了你的眼神。在黑灯瞎火的房间里，如果你用闪光灯照射我，我才知道你在看我。而在鲸鱼社会，大家都知道彼此一直在看的地方。就像我们能在人群中认出彼此的声音一样，鲸鱼也能认出彼此的目光。不准偷看！此外，声呐还能穿透皮肤。如果一头母鲸怀孕了，大家都会知道；如果一头鲸鱼长了肿瘤，这将是街谈巷议的话题。

将物体的距离、速度、弹性和一点超声波的感知加入整体“视觉”方程式中，并去除颜色，结果会大规模地改变现实。

想象一下，你走进一家酒吧，当你的目光扫过顾客时，他们能敏锐地察觉到吗？穿过衣服和皮肤，大家能看到哪里呢？这样的话，我们的文化将被彻底改变。

如果我们内部的小狗脑可以延伸一点点到外部，也就是说，如果我们有尾巴，社会就会大不相同，调情也会有完全不同的结果。事实上，如果你的调情对象有着高超的社交技巧，在你的调情变得越来越明显之前，你无法知道他们能接受多少你的得寸进尺。但是，如果你能看到它们的尾巴摆动，会怎么样呢？

狗靠嗅觉，人靠视觉。当有人离开房间时，他会连同自己的形象一起带走，但他的气味却挥之不去。想象一下，如果我们离开房间时，把自己的影子留在身后几分钟，社会潮流会发生怎样的变化。

在另一个极端，考虑一下谢尔曼将军树（General Sherman）的现实。在加州红杉国家公园（Sequoia National Park）里，谢尔曼将军树是一棵有 2500 年历史的巨型红杉，高 275 英尺（83.8 米）。如果你每天都看这棵树，你不会看到多少变化。如果你每年看它几次，你会发现它经历了春夏秋冬的四季循环。一年对于一棵树来说就像一天对于一个人一样，春天是早晨，夏天是白天，秋天是傍晚，冬天是深夜。树没有神经元、轴突和树突，或者我们可以识别为“类脑”

的任何明显的处理器，但它们确实有感觉探测器，对阳光、风和雨都有反应。它们吸入二氧化碳和呼出氧气的速度非常慢，哺乳动物很难想象它们可以呼吸。它们寻找营养物质，然后从地面一直吸到树冠，通过树干和嫩枝上像动脉一样的通道将水分从土壤和叶子中输送出去。

一棵树所经历的现实与我们人类所经历的几乎在所有方面都不同。如果说一棵树“体验”了什么，似乎不妥。你和我有着非常相似的感觉，我们感知到的现实有许多共同之处，但我们在边缘上有所不同，并不是在所有事情上都能达成共识。然而，树的实在性就像绝对实在本身一样，远远超出了我们的理解。

即便冒着听起来不科学的风险，我也不愿意让一棵树“毫无体验”地存在，至少在我自己的经验超越我感知的纯粹主体性之前是这样。作为科学家，我们最大的工具是了解自己理解的局限性，这既是好奇心的燃料，也是一种消除偏见、打开新研究之路的方式。我们读到第九章的时候就会明白这一点。

这里有一个被滥用的哲学问题：你看到的红色和我看到的红色一样吗？我怀疑，我们的红色几乎是一样的，因为我们眼睛里的颜色探测器非常相似，我们大脑中处理这些信息的区域几乎完全相同。

我永远不知道你眼中的红色是否和我眼中的红色一样，但我知道蓝色是一堆红色中更出众的颜色。

获得不同视角：最强大的工具是我们的大脑

人类拥有与动物几乎相同的情绪处理设备，这一认识与人类几千年来的假设相矛盾。我们像其他动物一样被情绪所驱使——不仅仅是其他灵长类动物，还有狗、猫、老鼠、鲸鱼和鸟，等等。不像其他大多数动物（也许是所有动物），我们能够意识到有时我们的情绪可能不是最好的向导，甚至我们可以通过练习这种能力的频率来衡量自己的觉悟。

我们作为能够理解自己是动物的动物，发现了一个特别有趣的结果，即我们也有能力否认自己是动物。在“是不是动物”的问题辩论上，两种答案几乎平分秋色。现在，对我来说，如果某样东西的吃喝拉撒像动物，做爱像动物，哺乳像动物，它也像动物一样经历恐惧、愤怒、情感、爱和恨，那么，它就是动物。

我们在扩大生活圈子的过程中所采取的每一步行动都是由简单的电兴奋（electrical excitations）产生的，这种网络可以覆盖我们大脑中 3 磅（约 1.5 千克）重的器官。我们联想得越多，我们的思想就能走得越远。一个反馈环路萌发了另一个反馈环路，一个接着一个，如此往复，环环相扣，每一环都会扩大我们的现实，直到我们被意识完全唤醒。

我们创造自己的现实，从最简单的感官输入一直到最抽象的结构。从光明与黑暗，到安全与危险，再到为我们的智能手机选择什么颜色的耳塞。我们创造了一切，而我们现实生活中的一大块蛋糕烤得如此之快，以至于我们只能得到一小块。动物也会创造它们的现实，但人类的创造达到了疯狂的极端。

将费曼脑的理性光辉与小狗脑的非理性激情结合起来，我们就能设定目标、计划、担忧和评估。我们能够将更高级的想法联系在一起——从本能地理解剑齿虎的尖牙威胁，到认识恒星和原子形成的基本规则——于是，我们在艺术、科学和其他领域取得了最伟大的成就。

我们对自身局限性的默认释放了自己。不能看穿别人的皮肤来检查骨折吗？使用X射线吧。想把铅变成黄金吗？学习化学，看看你做不到的原因吧。

我们可以使用工具获得不同的视角，但最强大的工具是我们的大脑。想知道万物运转的秘密吗？从诗歌到数学，之间所使用的工具让我们更接近答案。我们不断扩大的现实创造，在硅和马鬃制成的工具或芬达乐器公司（Fender Corporation）的刺激下，加之写在草稿纸上的想法，将我们的生活延伸到更长的时间跨度和更大的空间。

我们面临的挑战需要新的视角。如果我们能用同样的旧视角来解决问题，这些问题就不会是挑战。创新源于新视角，我们思考人、动物和其他生命形式如何看待挑战，就可以萌生出新的见解。

为了获得思考意识所需的视角——它是如何产生的？它的极限是什么？当我们所爱的人失去意识时，为什么我们会如此伤心？最好我们能像外星人一样思考。

第三章　生和死

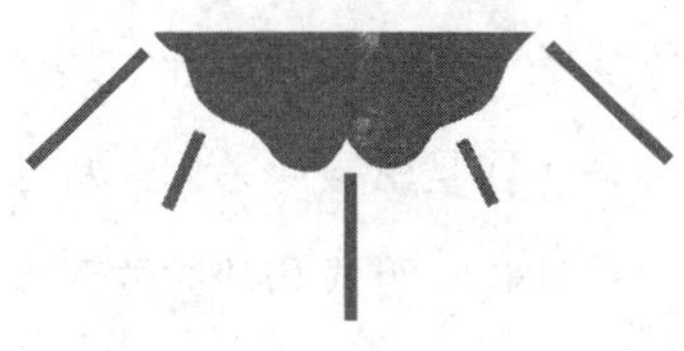

假如你是外星人

你假设自己是仙女座（Andromeda）上的一种硅基生命。仙女座是距离地球只有 250 万光年的星系，那里生命的进化方式和地球完全不同。对你来说，地球上的碳基生命就像你的硅基生命对外星文明搜索计划一样陌生。

一天，当你悠闲地吃着石头，喝着泡沫状沙子鸡尾酒的时候，你收到了来自仙女座关于外生命搜索计划的信息。该消息称，第三颗行星上的智慧生命可能是由银河系的一颗普通恒星形成的。这个计划为你提供了对地球化学组成和地质的深入分析，因为你的工作是预测地球上已经进化的生命形式。幸运的是，你已经对物理和化学有了全面的了解。

“这是不可能的任务。”你告诉最高指挥官。

最高指挥官并没有特别注意你，他说了声“那好吧”，就走开了。

你叹了口气，盯着自己的计算机系统工作站，掸去显示器上的灰尘，意识到这不是一项不可能（impossible）的任务，而是一项不大可能（improbable）的任务。如此“不大可能”，简直就是“不可能”。但如果我们被“简直就是不可能”吓倒了，我们就不会和仙女座上的虚构生命对话了。

仙女座在外太空寻找碳基生命，不是因为我们排斥不同形式的生命，而是因为我们是作为碳基生命存在的活生生的例证。这是我们所拥有的一切。另一方面，你不会对自己超先进的“吃石头的荣耀”产生偏见。你意识到，你对“石头学”的理解（除了硅性，还有生物学，你懂的）可能在这个搜索计划中完全无用。

为了完成这个“不大可能”的任务，你组装了一个电脑程序，根据计划记录的地质和地理条件，该程序包括地球上的一切原子。然后，你轻轻触动开关，模拟这些原子之间的相互作用。

自从电脑出现以来，模拟（simulations）已经成为理解复杂系统最有效的方法。不要试图以一种漂亮、整洁的方式把整个事情弄清楚，而是给这个星球上的每个原子分配一个位置、方向和速度。然后，你将时间向前推进了片刻，根据物理定律移动每个原子。在这段时间间隔结束时，你根据每个原子在这段时间内遇到的情况，改变了它们的方向、位置和速度。有了新的位置、方向和速度，你又提前了时间，以此类推。如果（我说的是如果！）你的物理理论足够接近事实，时间间隔越短，你的模拟再现现实的准确性就越高，毕竟，现实就是在空间中运动的东西。模拟系统的最大优点是：我们可以让电脑做一切工作，而我们可以在酒吧闲逛。

由于每个测量都有不确定性，包括你的地质和地理测量，因此，有无限个可能的起始点。为了解释可能的进化过程，你需要运行无数次独立模拟（separate simulations），但这没关系，因为你作为仙女座上的摩登原始人（Flintstones），拥有的计算能力超乎你的想象。

你做了无数次模拟实验，大约 40 亿年之后，你看到了结果。在一些模拟实验中，生命从未形成，但在大多数情况下生命形成了。如果你曾经在热带地区生活过，你可能会感觉到这个星球是多么适合维持生命。一些模拟产生了类似仙女座上的硅基生命，但大多数生命的结果却截然不同。由于地球的组成，你得到了很多依水而生的不同的碳基生命形式。

当你的最高指挥官第二天回来询问你的预测结果时，你提供了一个列表，囊括了 392035816185 种不同的生命类型。其中有 78 个版本类似于地球上真实存在的模拟，虽然没有一个模拟能完全重现真实存在的东西。

最高指挥官问："到底是哪一个版本？"

你提供了一个概率表，罗列出人类、树木、小狗、青蛙和鸟类的概率——0.00000002%。即便这是列表中最高的概率，也不是非常有用的预测结果。

你的最高指挥官很生气。

涌现现象：可能性是无限的，概率是有限的

涌现现象（emergent phenomena）是那些似乎无法预测的现象。从 40 亿年前地球的化学组成开始，你的存在无法预测，更不用说坐在这里阅读这本书了。但你就在这里呀！

可以确定的是，涌现现象会发生，但其结果会是什么，还不确定。不管可能性有多大，所有概率的和都是 1（100%）。你可以说可能性是无限的，但概率是有限的。

人们对“涌现”的意义会像对宗教一样感到兴奋。随便选一个旧的涌现系统，比如意识，你能将它还原成各个组成部分吗？你能想象，拥有 1000 万亿个互连的 1000 亿个无生命物体会为穿什么参加舞会的琐事而发愁吗？尤其难以想象的是，你正在使用有着 1000 万亿个连接的 1000 亿个神经元。但是，无论出现这种现象的概率有多低，如果它是可能的并且你的物理学是正确的，那么，当你模拟足够多的那些成分配置时，最终你会看到这种现象出现在你的模拟实验中。

但如果这是魔法呢？也许有些系统根本就不能从它们的成分来理解，也不能从原理上来理解。我不了解你这样的仙女座上的摩登原始人，但是在太阳系里，我们离能理解的部分还有很长的路要走，更不用说我们不能理解的部分了。在那之前，如果你说意识源自魔法之类的话，我会一直说：“当你对这个系统有了更好的理解时，你就会意识到它只是在一个足够精确的模拟实验中出现的一种涌现现象。”这证实了迈尔斯·迪伦的信念，即“所有关于超自然现象的讨论，最终要么导致盲目信仰，要么导致沾沾自喜”。

远离我的沾沾自喜，毕竟，那只是一种有着傲慢外表的偏见。我发现很难否认的是，生命和意识、爱和幽默、蜂房和家庭的出现绝非奇迹。如果一种魔法被人理解，就没那么神奇了，不是吗？

思维本身就是一种魔法，神经科学为我们的思维方式提供了一些线索。我们颅骨中的这种工具做了很多模式识别、模型构建和预测的工作，尽可能多地了解我们的思维工具的运作方式，可以帮助我们更有效地思考。另一方面，当你稍微理解了思维本身，你就必须面对不再思考意味着什么。

前馈环路和反馈环路的主题是处理传入信息和已处理信息的连续冲击的能力——适用于地球上的生物是如何生存和死亡的话题。

生命建立在死亡的基础之上，我们必须食用其他有机体才能生存。除此之外，生命的组成需要大量死去的有机物质。

生与死是分不开的，但这并不会降低你处理它的难度。

活着并保持清醒：无意识思维和有意识思维

神经科学家和认知心理学家喜欢将思维分为自下而上的无意识思维过程和自上而下的有意识思维过程。自下而上的思维是处理感官数据持续冲击的无数无意识过程，包括疼痛等身体内部数据。每时每刻，大量自下而上的思维活跃在你的大脑中。即使你平静下来，没有注意到任何事情，你的默认网络（default network）也会让你的大脑比你集中精力的时候更活跃。

在大多数情况下，我们知道自上而下的有意识思维，但不知道自下而上的无意识思维。

自下而上的无意识思维过程贯穿我们的大脑，将感知与储存在记忆中的经历联系起来。这种关联提供了我们需要的语境，我们需要将持续不断的感官信息流组合成预测和期望。这些预测和期望将我们最近的经历推进到未来。

自下而上的无意识思维过程像一个单一的东西，即一个意识，尽管每个自言自语的人都知道他们自己有不止一个声音。

我们与其纠结于“潜意识”这个词，还不如用“无意识”这个词来形容所有发生在我们大脑中但我们都没有注意到的过程。也就是说，我们知道有意识的想法，却不知道无意识的想法。但我们必须小心，因为有意识和无意识之间的界限是可以改变的，你可以通过思考把无意识的想法提升到意识层面。试一试：你正在看一页纸上的墨水（或者屏幕上的像素），对吧？

我们对“意识”或“思想”这两个词没有明确的定义区别，但我们勇往直前，恰如其分地走进了一家酒吧。

（1）无意识思维

你走进来，扫了一眼啤酒龙头。你想要一些啤酒花，但你也想要一些新的东西。你对准了一个标着 IPA（India Pale Ale，印度淡啤酒）的啤酒龙头。

让我们在这里停下来，看看发生了什么。

酒吧里挤满了人，包括坐在你和啤酒龙头之间的酒吧高脚凳上的那些人。你意识到了他们，却没有在意。不过，如果你母亲坐在其中的一只高脚凳上，你就能认出她来，你甚至可能会惊讶于在酒吧里看到她（我不会惊讶，因为我母亲喜欢酒吧）。

感官数据从四面八方涌来：人们说话、走动；电视屏幕上显示三种不同的画面，一场棒球比赛、一场巴西足球比赛以及一档烹饪节目。但是，当你把注意力集中在 IPA 啤酒龙头上的时候，你并没有在意那些事。

然后，有人叫你的名字。

尽管有那么多的吵闹，但如果有人叫你的名字，你也会听到的。你的名字最多只有几个音节，但是，即使有十几个人在距离你站的地方不到 10 只凳子远的地方闲聊，而且没有明确的方向，你也会从噪音中挖掘出那个微小的信号。这不是一个简单的过程，尽管感觉如此：接收声音，把它加工成一种图案；把这种图案与一个单词联系起来；把这个单词与你的名字和身份联系起来；把那个声音和一个地点联系起来，指示你的眼睛瞄准那个地点；把几个人的脸加工成图案，试着把这些面孔和声音的音色与记忆联系起来；你成功了，你意识到这是5年前住在你家楼上的那个人。所有这些工作都是在一瞬间不期而至，然而你仍然记不起那个人的名字。你挥挥手，盘算着要走过去和他一起出去玩耍。

再往下走，你母亲也会在嘈杂声中识别出你的名字——即使她正在喝着苏格兰威士忌或苏打水，还在和调酒师谈论时事，而调酒师正在祈祷你来点餐，这样她就可以无视这个疯女人了。

你最近吃东西了吗？因为一位端着一盘热气腾腾的墨西哥鸡肉饭的服务员正从你身后走过。你没注意听，对吧？好吧，如果你饿了，你的小狗脑会一个劲地叫唤着要吃晚餐了。你是如何从啤酒泼洒的味道中挖掘到墨西哥鸡肉饭的味道、你左边的那个家伙要喝的龙舌兰酒的味道，以及你自己汗湿的衬衫的味道？

在所有的感官噪音中，当你的意图是吸引调酒师的注意，并要一杯冒着啤酒花的可口啤酒时，你是怎么听到你的名字和对那些鸡肉饭的渴望呢？

我们绝大多数的想法都是无意识的。

你真的只注意啤酒龙头吗？当然不是。你的感官正在激活遍布各处的思维网络，试图将每一个输入以及你所记录的每一个记忆联系起来。说实话，你的脑袋很忙。

一幅画面浮现在你的脑海中，你的各个部分都在忙着各自的事情。在最低层，每个感官都有专门的处理器来重建它们自己的输入。在重建的每个阶段，神经元网络执行低级重建，将结果转发到上面一层。由于这些低层的自下而上的无意识思维执行孤立的机械任务，而不需要过多地关注其他流程，又因为它们数量众多，我称之为愚蠢的并行处理器：说它们并行，是因为它们一起工作，但基本上独立于对方；说它们愚蠢，是因为我不像我应该的那样尊重它们。

考虑一下你的母亲。你的眼睛捕捉光线，并沿着视觉神经的上百万轴突传输原始数据。因为它们携带着电信号，所以把它们看作电线并不过分。一条信息进入你的丘脑，丘脑是小狗脑的一部分；其余的信息进入你的初级视觉皮层（primary visual cortex）。

第一处理网络（称之为 V1）识别对比和边界，并从你的视网膜传输的大量明暗强度和颜色中产生卡通化的粗糙图像。这些粗糙的图像被输入到上面的一层以及最上面的一层（分别称之为 V2 和 V3），一直到视觉处理食物链（visual-processing food chain）的顶端。当 V2 开始填充卡通图像的细节时，V3 将原始的 V1 图像与隐藏在头颅中的大量图像进行比较。

因为你看着啤酒龙头，你的眼睛从这个女人身上接收到的唯一的光来自周边。那光来自眼跳，也就是你的眼球不停地转动。当你一次只看一个细节时，你看到了整个场景的错觉，这是处理你的经验和现实本身之间的一个杰出案例。你甚至没有朝你母亲的方向看——至少现在还没有。

V3 提供它在你的记忆中找到的任何与 V2 类似的图像，V2 利用你在酒吧闲逛的经验来识别你正在看的和你的视野中没有注意到的东西。在这片影像的沼泽中，有一个女性。同时，在视觉处理食物链的上游，处理器提供来自较低处理器的原始图像，与其他类似经历的感官和记忆建立联系。

与此同时，V1 作为图腾柱上最底层的处理器，将原始图像向上传递，你的音频处理器执行粗略的分析，区分来自电视、碰杯、无意义的聊天、修辞问题、笑声、叹息和打嗝的声音。请记住一个重要的细节：你知道自己在酒吧。你希望在酒吧中看到的内容很可能会被忽略，除非你的处理器正在提高它们的关联级别，就像墨西哥鸡肉饭一样。

当 V2 完成图像整理时，它将结果发送回 V1，以及更远的位置。回到 V1，更整洁的图像用于更准确和更快速地处理还在传入的视觉数据。你的大脑会抓住每一个机会走捷径，这通常是可以接受的，因为它也会反复检查每件事的连贯性和上下文。

V3 梳理 V1 和 V2 的结果，尽可能地识别你周围的人。如果你被女性吸引，感觉有点性欲旺盛，你的高级视觉处理器将隐藏女性的图像和位置，以供进一步考虑——其中一个会在大约半秒钟内，在所有结果出来后立刻产生非常明显的尴尬。

左右脑视觉皮层的处理过程是不同的，尽管存在冗余度（redundancy）。在很大程度上，你的左脑专注于寻找理想的啤酒，而你的右脑一直在寻找麻烦，但它们会相互交流。你的右脑想要把一些面孔提升到威胁级别，而你的左脑会抑制这些努力；你的左脑想要把所有的资源都调到那个啤酒龙头上，但是，当你的右脑看到在酒吧的另一端的另一组啤酒龙头时，它就会忽略这一点，因为它注意到其中一个龙头上既有 IPA 的字母，也有耷拉着耳朵的小狗图像。

可是，天哪！自下而上的无意识思维会发出一个自上而下的有意识思维无法忽略的标志——在你右边有个女人身上喷的香水跟你母亲的香水是一样的。

（2）有意识思维

在这该死的瞬间，这个巨大的无意识思维网络将这种联系集中到你的前脑、脑岛（insula）和内侧前额叶皮层（medial prefrontal cortex）。在那里，这种联系变成了一种有意识思维，这是一种体验。

让我们在这里停一下。我说过，无意识思维最终会“沸腾”而变成意识。“沸腾”的比喻是如此准确，以至于我忍不住说了一些愚蠢的话，比如：“它真的沸腾了。”这种诱惑来自我的怀疑，即从无意识到意识的转变遵循着渗透物理学（physics of percolation）——物理学中令人惊奇的事情之一就是，一个过程的数学描述经常可以用来解释一些看起来完全不同的东西。

旧式咖啡机用渗水法煮咖啡。先将一只盛满半锅水的大锅放在火焰上，火焰把水加热，再到沸腾，结果把热水推上了管子；在管子的顶部，壶盖使水偏转到一个装咖啡粉的小篮子里；热水通过碾压过滤，再滴回壶里，与剩下的水混合，再沸腾起来。如此循环往复，就成了一壶又浓又苦的咖啡。此外，咖啡过滤器的盖子上有一个透明的玻璃喷嘴，方便你看到咖啡的颜色。

现在打个比方，壶里的每一滴水都是一个想法。在任何时刻，整壶水都可能沸腾，但是，每次只有一滴水“有意识地”从壶顶渗出和滴

图 8　将大脑比喻成咖啡过滤器

下。其中的一些水滴留在“意识碾压”（consciousness grinds）的篮子里，但大部分的水滴会过滤掉，然后滴落到“无意识的”并行处理器上。

一个“想法”进入“意识碾压”环节，创造了意识本身。我们稍后会详细说明这个创意，但首先，你需要把你母亲的半成品照片从你的美女名单中删除，诅咒你内心的“弗洛伊德”。然后，如果你是一个好儿子或好女儿，叫调酒师过来，给你亲爱的母亲买一杯酒。你只要引起调酒师的注意，就给自己也弄一杯啤酒吧。你需要它来洗掉你的恋母情结（oedipus complex）。

在这个令人震惊的例子中，注意一下你的有意识思维的轨迹：你走进一家酒吧，你琢磨着什么是最完美的啤酒，你惊讶地看到了你的母亲，你请她喝了一杯，你让她吃惊就像她让你吃惊一样。在你大脑的所有处理过程中，你意识到的只是一小部分。

你肯定知道，你给你母亲买了一杯酒。这是一个自上而下的思维过程；是你自己选择的。这个选择并不确定是否源于自由意志，我们将在以后讨论这个问题。

除了没有意识到大脑这一明显事实之外，我们怎么知道大脑拥有处理中心，而这些中心并不是我们清醒状态下存在的一部分呢？大量的数据支持了这个想法。这里有个例子：失明是由底层图像处理器 V1 的损伤引起的。盲人没有视觉意识。你可能认为他们看不见，对吧？毕竟，他们声称自己是盲人。但如果你拿起一个苹果问他们“这是什么”“在哪里”，他们的小狗脑会传达出“这是什么”和“它在哪里”的信息。他们看不见它，但他们知道它是什么和在哪里。

这里还有另一个例子：在某人的大脑中，在费曼脑将声音加工成旋律的区域有损伤，他患上了“失认症”（agnosia），无法检测旋律本身，但他的小狗脑会告诉他，这些旋律听起来是快乐还是悲伤。

我们能够管理所有不断冲击我们感官的数据的唯一方法，就是让大量的处理器在没有意识到的情况下工作。

识别模式：第一印象和偏见共同存在

在我们的生活中，自下而上的无意识思维不断地通过比较我们当前的情况和以前的经验来寻找模式。图像之间的记忆与不断传入的声音、气味等有关，当一种模式被识别出来时，情况与预期是一致的，比如“我在酒吧”，一种低调的确定感由此产生并传递下去。

输入大脑数据的连贯性足以让大脑进行识别，但连贯性不是确定性。确定性需要对输入的数据与期望进行逐点比较；连贯性是一个宽松得多的标准。连贯性快速而近似；确定性缓慢而精确。如果连贯的模式被证明是错误的，通常也是可以纠正的，但如果我们走这条艰苦的道路去获取确切的确定性，那我们仍然不清楚，这到底是一只善良的小猫咪，还是一只剑齿虎，因为猫科动物的喉咙里喷出的东西是一样的。

模式识别（pattern-recognition）的过程贯穿于整个思维过程。我们的大脑在进化过程中优化了我们破译模式的能力，即使这些模式隐藏在噪音中也无妨。

让我们再回到酒吧话题吧。

你在监视啤酒龙头。十几个人在离你几米远的地方交谈，加上电视里传来的声音，在那刺耳的噪音中，你听到了你以前的邻居在叫你的名字。当调酒师转向你，你要IPA时，她点了点头，倒了啤酒。

想想那些声音。在我们善于社交的大脑中，各种声音听起来非常不同。但在客观现实中，人类的声音受限于声带的长度和张力，就像吉他的声音受限于琴弦的粗细和调音旋钮的张力一样。由于人们遵循相同的基本蓝图，声带的大小和张力变化不大，即使我们从未见过面，我们也能分辨出两个人的声音——容易极了——但也有例外，犀牛的叫声听起来就一样。

酒吧里也充满了香味。虽然狗能分辨出一周前的呕吐物、漂白剂、古老的香烟烟雾、每个人的气味、菜单上每种饮料和每种食物的气味，但我们甚至无法分辨出刚放的屁和优质白兰地的气味。但是，你母亲的香水味道在你的大脑中已经形成了一种固定的模式，这不仅是因为你一生都在闻它，还因为你把它和许多感觉联系在一起。

我们可以识别高度调节的模式，但并不总是正确，有时我们甚至会看到不存在的模式。如果你在跳舞，天碰巧开始下雨了；在干旱的某一天，你又在跳舞，天又下雨了。那么，你不妨买张彩票吧。

我们识别模式的能力是迷信的基础。一个复杂的整体，如果来自一些可能组件的有限集合，要比来自一些可能元素的连续组合更有效。我们根据自己眼睛中的视锥细胞区分的三种基本颜色来构建颜色：蓝色、绿色和红色。

就像斯黛拉通过光线强度和颜色等因素建立了一种更加复杂的彩虹体验一样，我们将自己储存起来的感知、想法和记忆组合起来，可以构建我们的经验和记忆的目录。

（1）第一印象

当你第一次看到某物时，你的左前额叶皮层（prefrontal cortex）的反应时间不到0.13秒。下次你看到此物的时候，只要它不具威胁性，你就会在0.4~1.0秒内做出反应。换句话说，你的第一印象要求你的注意力比你踩刹车更快。当你第二次遇到某物的时候，如果你甚至懒得去注意它的话，就会花去3~8倍的反应时间。

想想你的初恋。当你描绘那个人的决定性时刻时，你展开了一个原型，不管你喜不喜欢，它都在衡量其他的魅力因素。很可能此人已经定义了你喜欢的“类型”——她那飘逸的棕色头发，宽阔的前额，微微弯曲的下巴，漂亮的蓝眼睛，娇嫩的嘴唇，还有温柔的微笑。要是我邀请她跳舞，她能欣然接受，那就好了。其实那些最初的经历也充满了缺憾与不完美；否则，你怎么指望别人达到这个标准呢？

同样的道理也适用于你第一个憎恨的人——小学二年级的那个恶霸，他让你的大额头、小身体和卡通人物的整体形象备受关注。那个满头黑发、皮肤白皙、不停地流鼻涕，还不时大笑的混蛋给人留下了深刻印象，不是吗？一想到他，就会激起你反击的欲望。你几乎想在社交网络上搜索他，以便在你找到他的时候对他进行批评——哇，很抱歉。就像我们从三个基本元素的组合中构建每种颜色一样，当你第一次遇到某人时，你可以从你的原型中构建他的模型。我们将一些原型组合成一个新人模型，以便在我们与他接触之前，就立即判断他是朋友还是敌人，是有趣还是无聊，是聪明还是愚蠢，是自由还是保守。

如果大自然奖励的是正义，而不是繁衍生息，那么，我们可能会根据印象在不同情况下出现的频率、密度而不是强度来衡量印象。相反，为了克服第二印象，我们会加重第一印象。在克服了两次印象之后，这种原型或模式变得根深蒂固，不过，可以肯定的是，最初的印象可以被后来特别强烈的印象所取代。

（2）偏见

我们对模式进行分类。因为我们知道一个圆的模式——它是圆的，所以我们不需要存储一个圆圈的每一个变化。我们的眼睛所能探测到的彩虹波长大约在350~750纳米之间（1纳米是1毫米的百万分之一），但我们没有区分620~660纳米之间的每一种波长，而是把它们归为一类，称之为“红色”。如果不需要区分两种形状或颜色，那么，圆圈就是圆的，红色就是红的，这是可以的。

分类的倾向会产生刻板印象。因为我们很容易识别模式，所以我们变得懒惰。有时我们接受这个分类、形式，而不是认识到事物甚至人是如何脱离这种形式的。把东西放进现有的柜子里要比建造新的柜子更容易，所以，有时我们会把购物车放在屁股后面，并故意宣称模式先于区别。

刻板印象是分类的产物，而事实证明，分类并不准确，往往会误导。每个人都会对他人产生刻板印象——通常是懒惰造成的结果！问题是，至少对穴居人来说，快速粗略的分类在识别危险方面提供了巨大的优势，而在准确性方面的生存成本很小。对你我来说，试图把文明放在一起，基于性别、种族背景或收入等级的刻板印象，往往使我们处于不利地位，而不是保护我们免受危险。在追求效率的过程中，大自然母亲让我们很容易成为偏执狂。显然她没有预见到文明。

镜像神经元：小说是怎样实现共鸣的

为了理解这个世界和我们身在其中的位置，比如我们的所作所为，我们将自己已经认识到的模式组合成模型。当我们看到牛排、巧克力或啤酒的时候，我们的嘴不会流口水，而是大脑根据过去经验所做出的预测让我们流口水。我们不与真实的外部世界互动，我们与那个世界的模型互动。

当你读一本小说时，你把书页上的单词组合成你的世界模型。你躺在沙滩上，打开一本书，开始阅读，很快就会又哭又笑；你的心率会加快，你不想放下书，就像你不想在和朋友聊天时突然离开一样。

故事在我们内心激起我们与世界互动的神经回路。和其他经验一样，这种互动改变了我们的模式，也改变了我们的世界观。当你想象一个场景的时候，你的视觉处理中心的激活方式与你实际在那里时的激活方式惊人地相似。换句话说，小说是虚拟现实。当小说家在精彩地描写玫瑰花园中的一个人物时，你能捕捉到一丝气息；虚构的不公正行为会让你感到愤怒；美好的爱情场景会让你精神振奋。

到底出了什么事？小说只是印在纸上的墨水，它们怎么能让我们产生这些反应呢？这是因为共振（resonance）的作用。

当你推孩子荡秋千的时候，你每推一下，他就会荡得更高。但你必须在正确的时间推动——与秋千的共振频率（resonant frequency）相符——以产生放大效应（amplifying effect）。如果你胡乱推秋千，孩子就会前后摇晃，他会对你瞪眼，也许会吓哭，可能会不要你这个爸爸，而是要他的妈妈，甚至可能会在情感上留下终生的伤疤。

我们与故事产生共振（共鸣），因为我们的神经元反映了人物的经历。神经科学有许多证据证明，当我们看到别人做某件事时，特殊的“镜像神经元”（mirror neurons）会激活，就像我们自己做那件事时，它们也会激活一样。同样的道理也适用于情感和思想。当我们看到别人体验喜悦、悲伤、幽默，甚至感到惊讶的那一瞬间，我们的一些快乐、悲伤和灵感乍现的神经元会做出反应。

虽然有证据表明，我们有特殊的神经元，其特定的工作是镜像，但这一证据还没有达到宣称一项发现所必需的优势水平——至少对一个疲惫不堪的物理学家来说是这样。对我们来说，在本书中，镜像神经元是否真的存在并不重要，因为我们大脑中所拥有的一切都在进行大量的镜像。镜像的另一种选择叫作心智化（mentalizing）。镜像或心智化，无论哪种机制更接近事实，都不会影响我们的结论，所以，我们索性就叫它镜像吧。

有人怀疑，镜像可能与色情作品的流行有关，眉来眼去，卿卿我我。也许你懂的。

你有没有想过，这一切都是你想出来的呢？难道整个宇宙都是你凭空想象出来的吗？也许没有什么能超越你的思想。如果是这样，我很感激你能想到我。

唯我论（solipsism）有一半是对的。你只存在于我想象中的梦幻世界，我希望你不觉得这冒犯了你。或者我应该说，我希望我心目中的你不会觉得这冒犯了你。

唯我论的循环性是一种封闭又无用的哲学。体验唯我主义的人们缺乏很多东西，包括心智理论（theory of mind）。

你的心智理论仅仅是你相信我有思想，我的行尸走肉上是我的头颅，头颅里包裹着我的大脑，它或多或少地以你的方式体验着这个世界，它真的应该被称为“别人在你心中的心智理论”。孩子们在 3 岁左右，也就是他们开始形成长期记忆的时候，就形成了他们的心智理论。这两种现象可能相关，也可能不相关。一些研究表明，心智理论出现在我们 18 个月左右，也就是我们学会说话的时候。

最终，拥有一种心智理论可以归结为我们一直在说的一句话的合法性：“我理解你的感受。”好好想想这句话吧。

我们的世界模型必须足够相似，我们才能在几乎所有事实信息上达成一致。毕竟，红色就是红的，也许你和我看到的不一样，但我们一致认为它是红色的。

但是，感情呢？

好像我们能读懂彼此的心思。你有多少次因为知道别人要说什么而中途打断别人呢？“我懂你”“我知道你要去哪里”。有时我们会产生误解，但更多的时候，我们会经历与读心术几乎没有区别的同理心（empathy）——读心术是情感的反映。

当我们察觉到彼此的感知、反应、偏见、假设以及情感时——无论是通过肢体语言、面部表情，还是汗水——我们对它们的反应，至少是部分的，就好像我们在分享这种经历。我们表达，我们流汗，我们思考，我们互相模仿。这种反应通过丘脑反馈回来，贯穿整个思维链条。

从感觉到意识：是到达阈限，还是层次转变

感觉（sentience）是指意识到并能够对感官输入做出反应；意识（conscious-ness）却意味着担心被意识到。

数十亿个思维过程不断地相互作用，比如向上、向下、向前、向后的输入模式，这就是意识的起因和经验。至少，这是神经科学目前最好的解释。诀窍就是不去想这些同时发生的所有过程（一些同步的，一些异步的，它们是如何变得如此不同的），而是要去记住，即使在处理稍早的数据和更早的数据时，也必须不断处理大量的新数据。意识不是独立于时间流逝而存在的。

也许意识最敏锐的表现就是意识到时间的流逝是不可避免的，总有一天它会结束。

（1）意识阈限[①]

需要多少自下而上的无意识思维才能产生自上而下的有意识思维呢？

你烧水时，先是加热，直到水温达到一个临界温度——沸点，这时水变成蒸汽，从一种状态过渡到另一种状态。宇宙充满了相变（phase transitions），比如，从水到蒸汽，从冰到水，从生到死——在具有不同性质的状态之间的转移。

大多数神经科学家认为，当自下而上的无意识思维的积累超过了复杂性阈值时，意识就会出现。意思是，在某个点上，自下而上的无意识思维的交互达到了复杂性阈值——像沸点一样——而相互作用的神经元的简单机电过程发生了转变——液体变成了蒸汽——于是，意识出现了。

当然，没有人确切知道。

这三种不同层次的意识由感觉、初级意识和高级意识组成，这些区别跟随大脑的进化，从你的青蛙脑，到你的小狗脑，再到你的费曼脑。

感觉意味着能够处理和响应感官输入。青蛙、龙虾和鱼都有感觉，即使是植物也会对外界条件做出反应，尽管它们的时间跨度有所不同。所以，让我们把它们也归入有感觉的类别吧。

像狗、猿、海豚、鹿、老鼠、牛等哺乳动物，还有鸟类，尤其

---

①阈限（threshold）：指“有间隙性的或者模棱两可的状态”。

是绝顶聪明的乌鸦、渡鸦和鹦鹉，都表现出有初级意识的迹象。所有这些动物都为自己创造现实，并在至少几秒钟的时间跨度上执行某种程度的计划。但是，它们意识到自己的意识了吗？它们拥有高级意识吗？它们会担心吗？

（2）意识层次图

也许意识不是阈值，而是一种程度不同的连续属性，就像水的温度从冷（0℃）到热（99℃）的不断升高，而不是从液体（37℃）到蒸汽（100℃）的转变。

不是从无意识的岩石到有感觉的植物，到有反应的爬行动物，到有初级意识的哺乳动物，再到有高级意识的人类，而是让我们考虑这样一种可能性：从谢尔曼将军树这样的植物的经历（它们没有神经元，大概也没有类似意识的东西）到人类，每种生物都出现在这一连续体的某个地方。

也许这种意识层次图是由大脑的大小决定的——毕竟，复杂性随着处理器数量的增加而增加。更多的处理器意味着更多的神经元，更多的神经元意味着更大的大脑。按照大脑的大小排序，人类都置身于这个范围的一边，但低于许多大脑体积很大的动物，比如大象、虎鲸和抹香鲸。

早在亚里士多德（Aristotle）时代，衡量一个物种智力的标准方法就是使用脑力商数（encephalization quotient，简称 EQ）——脑重与体重之比的术语。意思就是，大型动物需要一个体积更大的大脑来管理其庞大的身体，因此，体积过大并不意味着脑袋大、身体大的动物会比脑袋大、身体小的动物更聪明。人类赢得了脑重与体重之比的比赛。

自我察觉也是一种意识。如果你认识到自己就是你自己，那么，你可能意识到了自己的意识。在一个婴儿的鼻子上画一个红色的记号（像胭脂一样），然后把她放在镜子前。在6~12个月大的时候，她会对自己的影像做出反应，就好像镜子里是另一个婴儿似的。在12~20个月大的时候，她会觉得这图像有点混乱，可能会伸手去摸影像鼻子上的印记，或者干脆避开影像。在大约24个月大的时候，婴儿看到了自己，注意到了这个印记，摸到了自己的鼻子，然后擦掉了印记。成熟的大象、海豚、逆戟鲸（虎鲸）和许多鸟也通过了这个所谓的“胭脂测试”。

狗通常不能通过胭脂测试。视觉是人类、大象和鸟类的主要感官，但狗对气味的依赖更大。当然，狗能从自己的尿液、皮毛和被褥的气味中识别出自己的倒影。你见过多少次狗停下来嗅消防栓呢？就像你走进会议室时查看签到表一样，狗狗们想知道谁在附近走过，也喜欢自己签名（撒尿）。

我最喜欢的研究意识层次图的方法就是使用信息理论（information theory），但我是个“怪咖”，所以我想使用数学方法。信息理论来源于热力学，即有序（order ）和熵（entropy）的物理学。神经科学家杰拉尔德•埃德尔曼（Gerald Edelman）、朱利奥•托诺尼（Giulino Tononi）和克里斯托夫•科赫（Kristof Koch）计算了一个叫作信息集成（integrated information）的量来确定一个整体的组织水平，并将其与各部分组织的总和进行比较——这是一种定量的方法，用来回答一个整体是否真的大于它的部分之和。

信息集成的概念即神经元的组织和神经元产生的组织之间的区别，是你经历的意识的数量。信息集成会导致一个意识层次图，允许任何有组织的无生命物体（比如神经元）去体验意识。到目前为止，还没有明确的方法来测量大脑或思想的组织，不过研究人员正在为此而努力。

与阈值效应（threshold effect）或连续范围（continuous spectrum）相比，意识可能以不同的数量在多个步骤中出现，而不是平缓的斜坡或一次巨大的飞跃。这种适度的姿势伴随着大脑进化的复杂性的增加——从脑干到大脑边缘系统，再到大脑皮层——不要忽视：整个系统在进化的每个阶段都被重新连接和优化。

那么，问题就变成了：在感觉和意识之间存在着什么样的认知状态呢？还有什么呢？

我轻易地忽略了语言在我们向对方和自己阐明思想的能力中的作用，也许以一种结构化的方式表达思想的能力让我们超越了通往高级意识的门槛。我们稍后再讨论这个问题。

自由意志：也许有些选择只是一种错觉

你能选择如何处理那些渗入你的意识的信息吗？

你可以随意把这本书扔到一边吗？你热切地想要另外一本好书吗？等一等！别这么做，请回来！但你当然可以做那样的选择。

或者，那个选择只是一种错觉？

我们在第二章中看到，许多决策在我们意识到之前都是源于自下而上的思维过程。你的费曼脑并不知道你是否从剑齿虎身边逃开了。

大量的实验证据表明，琐碎的决定在你意识到达之前就已经发生了。

自下而上的无意识思维导致的决定，不同于自上而下的有意识思维的意识性决定，这是否表明我们的自由意志是一种错觉？许多神经学家反对自由意志，赞成决定论的选择观。也就是说，我们不是自由地做出决定，而是由自下而上的无意识思维驱动我们做出决定，却不曾有意识地去改变决定。也许选择的错觉是一种理解世界的机制，只是另一种为行动提供动力的不同记忆和本能组成的联系。

不断涌现的意识，以及和你母亲在酒吧里闲逛，整个的前馈环路与反馈环路都是混乱的。你按部就班地踢足球，足球会穿过门柱；如果你用稍稍不同的方式踢足球，足球仍然会穿过门柱。但是，如果你乱踢足球，哪怕是最微小的一点不同，足球就会直接飞上天或猛冲向后；乱踢足球，意味着我们无法预测它将飞向何方。

你的大脑也很混乱。

口渴为一种意识，你决定——无论那意味着什么——去酒吧，喝一杯啤酒，看一会儿电视，或者和别人说几句俏皮话。自下而上的无意识思维的初始条件包括你把脚放在什么地方，你如何保持头部姿势，以及当你进入酒吧时的其他数万亿个微小特征。如果你在路上碰巧经过一个喝着椰汁朗姆冰酒的人，而你的头部姿势正好让你闻到椰子的味道，这可能会改变你的想法。毕竟，你很渴，而且你已经有一段时间没有喝过果汁朗姆冰酒了，所以，你的自下而上的无意识思维开始向你发射各种可能性，包括你的味蕾。于是，你开始急切盼望一种混合果汁朗姆酒。这种欲望会渗透出来，而一杯迈泰冰镇朗姆酒听起来甚至更好：最好的迈泰冰镇朗姆酒就在几个街区外的夏威夷风情酒吧！你转过身，走进这个酒吧，开始喝朗姆酒，和你最终结婚的调酒师很投缘，却从没意识到你的母亲正在喝苏格兰威士忌，在你离开的那个酒吧里争论政治。真是一个改变世界的迈泰之夜啊。

我们都能指出生活中发生的微小事件和微小变化，正是这些导致了我们所处的位置以及我们如何抵达目标的巨大差异。不久前，我们遇到了一个紧密相连的循环过程，即我们如何从源源不断的感官输入中创造出连贯单一的现实。这个画中画风格的思维过程包括大量微小的影响，其中大多数影响很小，但也有一些影响很大，比如，喝一杯椰汁朗姆冰酒会产生很大的影响。这就是所谓的蝴蝶效应（butterfly effect）——丰塔纳（Fontana）的一只蝴蝶扇动翅膀会在塔尔萨（Tulsa）引发龙卷风。

暂时假设你没有自由意志。

事实上，你的大脑是一个混乱的生化机器，而且无法以完美的精确度测量出它的完整状态——毕竟，没有什么是可以精确测量的，也就是说，预测你的行为是不可能的——不仅是“不大可能的”，而且是“不可能的”。把所有这些加起来，没有办法确定你是否有自由意志；因此，你是一种不确定的动物，要么拥有自由意志，要么拥有完全对等的东西。

你的小狗脑也是如此。

死亡本质：是意识模型与现实的脱节

我们都失去过朋友和家人，这是他们意识的必然终结。

不管死亡的过程有多短或多长，不管他们是死于没有任何预兆的直接原因，还是死于一场旷日持久的斗争。关于死亡，最奇怪的点就是它的绝对性。一个人怎么能从一个会思考的东西变成一个不会思考的东西呢？

一个有思想的人可能前一分钟还活着，下一分钟就变成了尸首。死亡的这种不可思议的疯狂本质，来自于我们构建现实的方式。

你认识的人是你大脑中真实存在的人的模型。如果智慧是认识别人，启迪是认识自己，那么，智慧和启迪是值得追求的，但也是永远无法达到的目标。我们太有活力了。当你得到“启迪”的那一刻，你就改变了。这就像拿起一粒西瓜籽，一旦你抓住它，它就会从你的手中窜出来。你认识某人吗？真的了解他吗？

请看图 9。这里有三对圆圈，左边的圆圈表示某人在你心中的模型，右边的圆圈代表他真实的样子——他的性格、观点、能力、缺点、怪癖，他的一切。在图 a 中，你们刚认识。你心中的这个人的模型是基于你的期望建立的，基于自下而上的无意识思维组合的模式，基于他的外表，他的 T 恤，他喝什么，他和谁在一起，你可能从别人那里听说过他，等等。这些偏见被灌输给你，在你的高级意识之下，你建立了一个对他的期望的模型。两条闭合曲线的重叠量可以衡量模型的准确性。随着你们的互相了解，在图 b 中，你心中的模型变得更加精确，你的一些偏见是对的，一些偏见是错的。最终，在图 c 中，你心中的模型和实际的人之间也有很多的重叠。好朋友知道彼此对政治、宗教、音乐和啤酒的反应，也知道如何以及何时可以相互依赖。

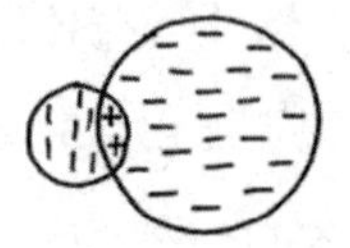

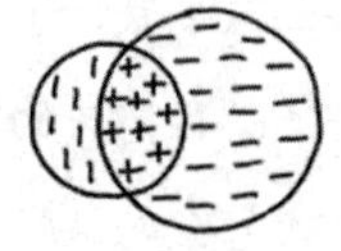

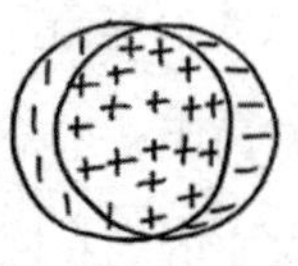

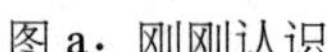

图 a：刚刚认识　　图 b：互相了解　　图 c：老朋友

图 9　图解认识某人的过程

现在就把你最好的朋友记在心里。画一张她的图像。很简单，不是吗？现在问她是否读过这本书。你可能不确定，但假设她的回答是肯定的，接着问问她对这本书的看法。你很清楚她会说什么，不是吗？你甚至可以判断她喜欢什么、不喜欢什么，以及她当初为什么要读这本书。在你内心对白的这个阶段，你跟自己进行了交流，有戏谑、有玩笑，也有争论。

她没有在你面前跟你交流，但她在你心中的模型仍然在你的脑海里。当你想到的这个人还活着的时候，你对这个人的内在认识和她不在你面前的外在现实之间的脱节就足够奇怪了。但当你想到的一个朋友是已经死去的人的时候，它就脱轨了。

当你身边的人去世（即使是一只可爱的宠物），这个人真的死了，走了，被“灵魂”化了，你都会感到不可思议。是的，真的不可思议，因为这个人的模型在你的脑海中没有死亡。这个模型甚至没有改变，它停止改变了。正是这种脱节带来了痛苦的不和谐。

你对死者的思念就像她活着的时候你对她的思念一样，直到那令人震惊的现实重现，你才想起你的朋友已经不在了。如果你信教，你的信仰可能会让你对那个模型产生一种依恋，一种天堂般的感觉，你可以想象你的朋友在活着的时候的样子。不管这是不是真的，宗教依恋（religious attachment）是另一种模式，也就是你在大脑中构建的一种模型。

当一个人死了，她对时间流逝的体验就结束了，而你对她的体验却没有结束。

创造力的对立面：我们是懒惰的偏执狂

我们是构建模型、识别模式的预测者——这使我们成为懒惰的偏执狂。就像大自然母亲说的："你可以迅捷、便宜或优质——三选二。"自然选择告诉我们："我们将选择迅捷和便宜。"从生物学的角度来说，便宜意味着高效。

你在出生之前，就知道母亲的声音。你必须学习大多数的模式，但你出来时已经能够识别乳头了。启动大脑需要数年时间，因为你需要大量的模式来思考。你必须打破一些神经元，才能得到最初的几个模式。在下一章中，我们将弄清楚婴儿的大脑如何适应现实的最初冲击。

我们可以意识到自己的偏见并改正它们，这意味着偏见是懒惰的一种形式。我指的是各种形式的偏见，不仅仅是偏执，还有"思想偏见"。我们抛弃的每一个想法，仅因为它们不符合我们所习惯的模式，而这些想法本可以成就一番伟业。我们本可以成为竞争者的！压抑思想是创造力的对立面，而思想偏见则是压抑，压抑的是我们自己。

"镜像"帮助我们去开发他人的思想，了解他人的想法，并联系他们的想法，使其符合我们自己的模式。正如我们将看到的那样，它构成了在你附近的零售商所创造、设计和销售的一切东西的价值基础。

“反馈”似乎是所有这些东西如何工作的关键。大脑不仅仅创造现实，它还控制我们的身体——我们接触并改变现实本身的现实接口的延伸部分——让我们成为舞台上的演员。

如果我们都是演员，是不是有些人比其他人更有才华呢？我们与生俱来的东西是什么？我们可以改变什么？我们更倾向于先天还是后天？

为了研究天赋与技能错综复杂的网络，我们要求助一位才华横溢的人——这次是一个真人。

第四章　天赋和技能

球星是怎样炼成的

1962 年的一个秋日，在南苏丹北部边境的图拉雷镇，一位名叫奥库（Okwok）的女子诞下了一个了不起的男孩。像丁卡部落的大多数男孩一样，他的童年是在家里放牛度过的。传说有一天，当这个男孩带领牛群穿过小树丛生的草原时，一头狮子袭击了他。这个男孩一跃而起，用一根木矛杀死了狮子。

这位丁卡部落男子在 40 多岁的时候成为一名政治活动家，他帮助祖国从内战中重生。他促进了和平与和解，特别是在达尔富尔地区的贡献突出。他认为教育是和平与繁荣的关键，并在家乡建了一所学校。

他是一个特别的人，对吧？他没有皇室血统，但是，当他访问苏丹难民营时，受到了像丁卡公爵一样的款待。他之前从未从政，也不是任何宗教神职人员。

让他与众不同的既不是他的外交技巧，也不是他的演讲天赋，更不是他在商业或学术上的成功。

马努特 • 波尔（Manute Bol）身高 7 英尺 7 英寸（2.3 米），这样的身高使他在篮球场上的优势让别人望尘莫及。但马努特更大的天赋是作为一名后卫。在篮球比赛中，防守队员通常试图阻挡从投手手中飞向篮筐的球。马努特双臂展开长 8.5 英尺（2.6 米），为“盖帽”提供了巨大的范围。因此，马努特·波尔在他的第一个赛季就创造了美国篮球协会（National Basketball Association，简称 NBA）盖帽纪录，并成为其中最令人印象深刻的防守球员之一。

唤醒潜能：正确打开天赋和技能的方式

要讨论天赋和技能，我们需要做到精确，因为这个反馈环路是一个死结。天赋是在你开始比赛之前就天生具备的；技能是你通过教育、训练和实践获得的，不管你有没有天赋都可以。没有技能的天才很少能在自己的领域里出人头地，但有天赋的人往往比没有天赋的人更具优势。正是在这种意义上，马努特·波尔的身高让他成了篮球天才。如果他利用这一天赋成为一名伟大的政治家，这可能会展示出一种更大的天赋，但是，在生理倾向和欲望之间并没有明显或可衡量的界限，所以，我们不能肯定马努特会成为一名伟大的政治家。——这就是死结！

某些身体特征，如果受到社会的重视，就会给人们带来一种优势，使他们更有能力发展一种技能：伊丽莎白·泰勒（Elizabeth Taylor）有一双紫罗兰色的眼睛，而遗传疾病“双行睫”（distichiasis）让她的两排睫毛衬托得她的眼睛更加迷人。现在，如果当时的社会不认同颜色奇怪的超大眼睛有价值，她可能不会在好莱坞存活下来，可能也不会把她的天赋发展成表演技能。

（1）天赋是什么

1968年，基普·凯诺（Kip Keino）在第一次参加国际比赛6年后，开始在长跑比赛中获得奥运金牌。如果凯诺是一个纯粹的天才现象，也就是说，如果他的能力是建立在完全没有技能的天赋之上，那么，他第一次赛跑就赢了。相反，像所有伟大的运动员、音乐家、画家、物理学家、砖瓦匠、酿酒师等一样，他通过训练提高了自己。

他成长的环境鼓励他坚持跑步。他的成功吸引了一群教练和培训师来到这个地区，你瞧，寻找人才的环境已经成熟。

最初几位来自多米尼加共和国的职业棒球大联盟（Major League Baseball，简称MLB）的伟大球员：奥齐·维吉尔（Ozzie Virgil）、朱利安·贾维尔（Julian Javier）、阿劳（Alou）三兄弟——菲利佩（Felipe）、马蒂（Matty）和吉瑟斯（Jesus）都产生了同样的效果。收音机开始了广播，孩子们走向了野外，侦察兵来到了露天看台，一片天赋和技能的绿洲由此诞生。

是的，这些“天赋绿洲”的形成是由一系列事件共同作用的结果，就像侦察兵的发现一样。我们无法判断这个绿洲中有多少是天赋、多少是技能。

就像巨蟒剧团（Monty Python）[①]的一部史诗短剧一样，我们看到成群结队的寻宝者在海滩上寻找沙子。这些无畏的天才淘金者双手遮着眼睛，在地平线上寻找美丽的沙子，以及随之而来的财富。他

①巨蟒剧团：英国六人喜剧团体，在上世纪七八十年代影响甚大。

们沿着海岸搜寻了几个月，最后，其中一个人向下看了看，发现自己的脚埋在了二氧化硅的宝藏里。其他人不去看自己的脚，而是匆匆去淘金和寻找萨特的磨坊[1]。他们并没有意识到整个海滩上遍地都是沙子，而整个星球上到处都是有才华的人，相反，这些发掘人才的“侦察兵”连推带挤，一拥而上。

人类像旅鼠一样的行为应该让人感到惊讶吗？

还记得喜剧电影《万世魔星》（*Life of Brian*）中的一幕吗？当时，布莱恩（Brian）试图驱散人群，告诉他们每个人都是不同的个体。然后有一个人说：“我是例外。”

人啊！你不必去肯尼亚找一个伟大的马拉松选手，不必去罗马尼亚找一个伟大的体操运动员，不必去加勒比海寻找下一个威利·梅斯（Willie Mays）[2]，不必跟着一只鹿直到它从悬崖上掉下来才能吃到美味的肉排！寻找人才的圆形反馈环路是一个宏观的例子，它说明了第二章中第一印象的不成比例的影响，以及我们在第三章讨论过的刻板印象的危险。

（2）技能

马努特·波尔的身高提供了一个强大的优势，虽然也有身高7英尺7英寸的其他篮球运动员，但他们中没有人能像马努特那样擅长“盖帽”，尽管很多人都是更好的投手。帕丽斯·希尔顿（Paris Hilton）的家世使她与众不同，但是，大多数出生富裕的孩子尽管努力了，

---

①译者注：引起1849年“淘金热”的地方，位于美国加利福尼亚州。

②译者注：美国棒球运动员。

也没有成为名人。

天赋和技能的概念是交织在一起的。许多当代书籍都试图证明天赋是一种幻觉，但那是荒谬的。每个人的体能状态千差万别，导致了不同的优势和劣势。你无法训练自己拥有布拉德·皮特（Brad Pitt）的颧骨、伊丽莎白·泰勒的眼睛，或是弗兰克·辛纳特拉（Frank Sinatra）的声音。

我怀疑，否认内在天赋价值的流行，源于一种文化愿望，即社会奖励的是功绩而不是血统。我们想要赞美那些为成功而努力、流汗和奋斗的人，而不是那些纯粹凭借遗传优势获得成功的人——不然，我怎么能取得成功呢？等一等，这里也变得棘手了，因为你可能有对的基因，但如果你不在对的地方和对的时间做对的事情，你的基因可能不会唤醒你的潜能。

抓住奇迹：调整阈值像摇铃一样简单

想想一个叫约翰尼（Johnny）的乡下男孩，他对弹吉他很感兴趣。每天放学后，约翰尼把和弦谱和吉他放在麻袋里，然后把麻袋带到铁轨附近的树下练习弹吉他。当约翰尼努力使他弹奏的右手和移动的左手同步的时候，他的眼睛、耳朵和运动皮层的神经元发出信号，穿越他的大脑寻找模式。自上而下的有意识思维的处理器让他意识到自己的弹奏技巧有多差——这也是他在铁轨旁练习的原因。

（1）湿件

我在前文中时不时地抛出一些概念，比如，运动皮层通过神经元发出信号，建立联系，形成模式。现在我们应该亲历亲为了。

你的小宇宙是由 800~1000 亿个神经元的相互作用的结果。每个神经元平均有 1 万个突触连接（synapse connections）；所以，在接收端，树突树平均由 1 万根“树枝”组成。平均有 1 万个连接的 1000 亿个神经元产生了 10 亿个独特的连接，并有可能产生大量令人瞠目结舌的电路组合。

到目前为止，神经科学家已经记录了数千种不同类型的神经元，这些区别与它们的形状、反应时间以及它们是否刺激或抑制其他神经元有关。你的费曼脑大约有 80% 的神经元是精英，也就是高度连接的金字塔状神经元，它们遍布你的大脑。约翰尼坐在铁轨和河口之间的一棵常青树的树荫下，膝盖上放着吉他，大腿上放着和弦谱，他漫不经心地弹奏着，他的感官中的神经元把声音、视觉、气味、味觉和感觉转换成电信号。有些东西可以把感觉数据转换成电信号，工程师们称之为传感器——麦克风、扬声器、电视、电子温度计——世界上到处都是传感器，你的身上也一样。

当约翰尼看着吉他时，琴弦反射的光线进入他的眼睛，并在视网膜的视杆细胞和视锥细胞中撞击电子。在短短 1 秒内，视杆细胞和视锥细胞的化学结构发生了变化。这些前端的化学变化传播到眼睛内的另一层神经元，这层神经元沿着视神经发送到约翰尼的大脑。当一种分子撞击你的嗅觉腺体（olfactory glands）或舌头上的味蕾时，同样的事情也会发生在你的鼻子里：神经前端的化学变化沿着轴突向上传播到第一层处理器，然后到达大脑。

当约翰尼随着火车驶过的节奏弹奏吉他时，琴弦就会震动并撞击空气分子。这些空气分子与邻近的空气分子碰撞，然后反弹到更多的空气分子中，直到这种“压缩—减压波”（compression-decompression wave）进入你的耳朵，像鼓膜一样撞击你的耳膜。声波在耳膜的另一侧继续向上传播，形成螺旋形的耳蜗。声音在耳蜗的不同部位摆动着细小的毛发，这些摆动的毛发在听觉神经元的传感器末端。摆动会撞击周围的电子，从而改变轴突的化学结构，产生电信号，刺激另一层神经元等，再向上传播到听觉神经，进入大脑等待处理。

奇怪的是：一旦信号进入我们的大脑，它们看起来都是一样的。

在前端，感觉输入看起来完全不同——手指、耳朵、眼睛、鼻子和舌头——但是，一旦前端神经将世俗的数据转换成沿轴突向上传递的生物电信号时，它们看起来就一样了。说真的，如果你爬进约翰尼的大脑，在显微镜下观察他的眼睛和耳朵的轴突，你会分不清哪个是哪个。如果你把这些轴突插入电工的设备中，比如，示波器或频谱分析仪，你就无法分辨出哪些信号来自他弹奏的和弦或他正在观看的火车。

那么，为什么看东西的体验和听东西的体验如此不同呢？为什么我们听不到味道、感觉不到气味呢？

患有一种叫作“联觉”（synesthesia）的罕见病症的人会把视觉当成味觉，把声音当成颜色，等等。顺便说一声，“联觉症”指的是感官之间的串扰，最常见的症状比混淆更有趣，比如，把数字和颜色联系起来。

（2）信号

我们的感官传感器（sensory transducers）产生的电信号通过构成我们思想创造网络的电路传播。信号本身是电能的峰值，电能沿轴突向下传递到突触连接处。说到“峰值”，我指的是短暂的、局部的电能激增。这些动作电位峰值与电子产品中沿导线运动的电流完全不同。你体内的电流是由溶解在神经元细胞中黏稠液体里的盐携带的，一点也不像整齐的铜线。

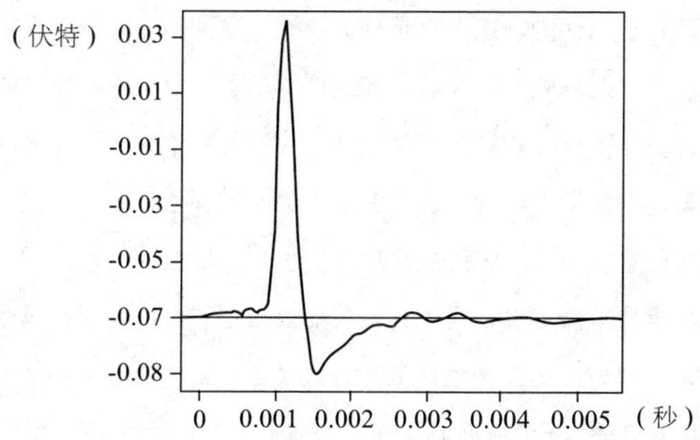

图 10　神经元之间传递的能量峰值，称为“动作电位”

大脑中发生的每件事都是由神经元之间舞动的动作电位峰值的模式组成的。那些参与特定想法的神经元组成了一个神经回路。

在不同神经元之间的突触连接处，峰值电能释放出神经递质，比如，血清素、催产素、多巴胺，等等。这些神经递质穿过突触进入另一个神经元树突上的受体，再被转换回一个沿着树突向下传递到接收神经元的细胞体的峰值。

思考一下单个神经元吧。当思想在你的大脑中穿行时，这个神经元接收并结合其他上万个神经元的信号。如果它接收到的所有信号峰值的总数超过了一个特定的阈值，那么，这个神经元要么发出新信号，要么停止发出旧信号。如果总数低于这个阈值，它将继续执行已经执行的操作。神经元可分为兴奋性神经元（excitatory）和抑制性神经元（inhibitory）。你可能已经猜到了，兴奋性神经元试图刺激其他神经元的活动，抑制性神经元则试图抑制它们。

右脑是创造性的，或左脑是分析性的，这种旧的二分法来自于这样的观察：左脑向右脑发送的抑制信号多于右脑向左脑发送的兴奋信号，从而降低了右脑的行动能力。约翰尼要成为一名伟大的音乐艺术家，许多抑制性神经元需要获得更高的阈值，才能让兴奋性神经元充分发挥，这样它们才不会限制他的创造力。

我们需要放慢速度，否则我们可能会错过"奇迹"。在神经元细胞的某个地方，动作阈值被某种方式设定，这样，每个神经元都知道对接收到的信号做出反应的最佳方式。

约翰尼的左手手指是由运动皮层的神经元控制的。这些神经元的阈值必须进行调整，这样才能让他的手指在这些音格上移动得恰到好处。否则，约翰尼的吉他听起来就像兰塞姆的声音，路人永远不会说："哦，天哪，那个乡下男孩会弹吉他。"

这种神奇的机制，我称之为"奇迹"，它是怎样形成的？目前尚不清楚原因。计算神经学家模拟神经元如何篡改阈值以得到正确的结果，研究单个细胞如何在一个有数十亿成员的团队中改变其对输入的响应。我认为这种摆弄就是"奇迹"。

阈值不是固定的。从分子水平的角度来看，当约翰尼学习演奏时，这些阈值改变了。

（3）从演奏音符过渡到演奏音乐

约翰尼第一次拨动一根弦时，他大脑兴奋部分的神经元——视觉、听觉、运动控制，以及更高级的处理器，这些都将成为笔记读取、符号解码和歌曲识别中心——会发出信号。由于这些信号不符合可识别的模式，这些兴奋、困惑的轴突开始与其他神经元建立随机连接。

生物生长不会立即发生，而轴突思维生长更像植物。在晴朗炎热的日子里，牵牛花藤长得很快，你可以在几个小时之后看到它的进展，但你不能看到它在每分钟里的生长。在约翰尼的轴突中流动的信号刺激了他的练习，他的轴突生长使突触连接到更多的神经元。随着神经元阈值的调整，他的技能也提高了。

突触生长的规则是："如果两个神经元同时兴奋，则它们之间的突触得以增强。"这就是所谓的赫布型学习（Hebbian learning）。约翰尼的注意力集中在音频处理湿件上，这是轴突生长和新突触形成的地方。事实上，在他用来创作音乐的区域，他的大脑体积会增大。对音乐家大脑的分析显示，在音频处理中心，湿件的数量增加了30%。

在活跃的轴突附近，突触会随机连接，它们是否真的是随机的，还不完全清楚，但自然界的其他系统使用这种随机的蒙特·卡罗（Monte Carlo）技术[①]来寻找最佳配置。在不确定的领域中，尝试随机配置往往比遵循有条不紊的地图能更有效地优化某些系统。

①译者注：蒙特·卡罗技术又称统计模拟法、随机抽样技术，是一种随机模拟方法，以概率和统计理论方法为基础的一种计算方法。

在约翰尼练习弹吉他的过程中，他的自上而下的有意识思维过程调整了神经元的阈值，识别了连接手指琴键位置和声音的音乐模式。这相当于指导自下而上的无意识思维过程去立即识别这些模式。约翰尼从演奏音符过渡到了演奏音乐，此时此刻，这个思维过程变成了无意识的思维过程。约翰尼没有考虑手指应该放在哪里，而是想到了他想要发出的声音，自下而上的无意识思维过程以一种自动的方式将他的手指指向正确的音格和吉他弦。

虽然约翰尼没有学会很好的阅读和写作技能，但他从演奏音符到演奏音乐的转变就像你从组合字母到阅读故事的转变一样。

技能提升：这是一个修剪不必要的连接的过程

实践创造技能，并发展技艺。

约翰尼大脑中的音频模式直接转化为视觉和触觉模式，包括手指的定位、弹奏和节奏。天赋真的起作用了吗？

在学习阅读时，我们遵循这样的顺序：从字母表开始，把声音和字母联系起来，读出字母的组合，识别单词，把意思和单词联系起来，然后继续读下一个单词。当你第一次读一个句子，在你读完第二个单词时，你可能已经忘记了第一个单词，然后，你必须回去再复习一次。这是一个自上而下的有意识思维的连续过程。

我记得我和母亲一起浏览卡片的时候，突然遇到这个单词“embarrass”（尴尬）。我试探着念道：“em-bare-ass”（他们—光—屁股）。我姐姐在一旁大笑起来，我母亲也对着我微笑，让我再试一次，但我不知道“embarrass”是一个单词。最后，她不得不给我解释这个单词，让我明白过来。就在她解释清楚这个单词的一刹那间，我都快笑死了，这是种种巧合和纠结啊。我再也没有忘记过那个单词了。

请看下面这段乱码：yet hnre you aze, reqding thms whwle pavigraph witnont souvding out amy of tve words。

如果你能马上猜出正确的句子：Yet here you are, reading the whole paragraph without sounding out any of the words（意为：只可惜，你阅读了整个段落，却没有把任何单词念出来），你就是一个天赋异禀的读者，因为你大脑中所有的湿件都在对的地方，可以组装必要的神经回路为阅读服务。当然，我们不认为这是一种天赋，因为几乎每个人都能做到这一点。

我们大多数人也有必要的湿件去播放音乐。但是，像约翰尼、基米（Jimi）、琼（Joan）、南希（Nancy）、埃迪（Eddie）、埃里克（Eric）、乔尼（Joni）、格雷琴（Gretchen）、吉米（Jimmy）、乔（Joe）、邦尼（Bonnie）或卡基（Kaki）这样的人——他们有额外的东西。这额外的东西是器官吗？他们中的大多数人都有长手指，可以够到 4 个音格演奏高难度和弦——马努特也有同样的天赋——但他们中一些人的小指大有帮助。

我们认为伟大的音乐家都是有天赋的人，他们有能力区分和识别我们大多数人没有的音调。这是天赋还是技能呢？

（1）神经修剪和联觉

一旦约翰尼弹吉他的能力变得像摇铃一样简单，奇怪的事情就会发生：突触开始消失。由于建立了大量随机连接，建立正确连接的概率就会非常高。如果你往墙上扔足够多的泥，其中一些泥肯定会粘住，对吧？但错误连接的概率也会更高，所以留下了一个烂摊子。

一旦人们开始从几英里外聆听约翰尼弹吉他，那些不能让音乐响起的神经元就会停止活动，没受到刺激的突触就会逐渐消失。

“神经修剪”（neural pruning）或“神经达尔文主义”（neural Darwinism）的想法变得很奇怪。

我们似乎生来就有强烈的联觉。婴儿的突触连接是 3 岁以上儿童或成人的 2~3 倍，这是一种处于极度混乱状态的感官之间的一大堆连接。因为没有其他的经验来对比，这种混乱并没有吓到当时还是婴儿的我们。相反，我们开始研究这个世界，区分感官输入，就像约翰尼的大脑删除了那些对弹吉他没有帮助的连接一样，我们的大脑修剪了经历跨感官串扰的轴突和突触。也许在你出生的那天，你看到了声音，听到了味道，感觉到了气味，等等。也许你生活在这个世界上的简单经历切断了那些虚假的联系，让你的感觉与轴突完美地协调并重建现实。

学习技能会让大脑变得更大一些，但随着专业技能的获得，大脑的大部分体积都会缩小。生物系统痛恨浪费，会修剪掉未使用的湿件，留下的是一台更精简、更高效的机器。

（2）大脑的大小

马努特·波尔有大长腿和长胳膊；埃里克·克莱普顿（Eric Clapton）有长手指；爱因斯坦有一个很大的大脑。我们可能会一致公认爱因斯坦有天赋，但他的大脑大小与此有关吗？

鸟类的头部很小，很轻，却携带着动物王国里最聪明的大脑。

渡鸦会做简单的运算法则，比狗表现出更强的自我意识。

没有研究表明天才和大脑大小之间存在关联。虽然爱因斯坦的大脑特别大，有些异常，但也有很多小脑袋的天才。

在爱因斯坦的脑部两侧（就在耳朵后面）额顶叶皮层下，也就是大多数人都有褶皱的地方，两条折痕合并成异常大的斑块。我们用这个区域来理解空间中的位置和事件的时间；它在我们做数学的时候也起作用。爱因斯坦花了几十年的时间专注于研究空间和时间之间的关系，这是导致脑部差异的原因吗？或者他生来就有一个独特的大脑来构思《相对论》？

一方面，我倾向于认为他大脑的这个区域不应该特别大，因为一旦他提出狭义相对论和广义相对论，多余的湿件就应该被修剪掉。另一方面，也许这也反映了他 30 年来是如何努力将引力和量子理论结合起来的。

既然修剪不必要的连接可以提高效率，那么我很好奇，“万事通先生”，你懂的，就是那个无所不知的家伙，他的大脑是不是比任何人都小？当他获得了所有的知识和完成每一项可能的任务的能力之后，所有多余的连接都会被修剪掉，只留下一个微小但完美的大脑。而你和我的脑袋都很大，因为我们还在解决问题。

（3）完美音阶：天赋还是技能

约翰尼的完美音阶使他能演奏优美的音乐。他能够区分对大多数人来说相同的音符之间的差异，这使他能够创作和演奏特殊的旋律，吸引几英里之外的人赶来聆听。

完美音阶是天赋还是技能？答案可能是简而易见的。

当约翰尼练习轻抚调音旋钮，向下用力，集中精力把 E 弦调成这样时，他破译出了音符之间越来越小的变化。重复这个过程几千次之后，他做得更好了。

我们用内耳中像蜗牛一样的被称为耳蜗的湿件来破译音阶。如果我们展开一个耳蜗，它看起来就像一对 1.4 英寸（约 3.5 厘米）长的平行管子。管子里装满了传导声波的液体，耳蜗里排列着细小的纤毛，当声音传入时，纤毛就会摆动。

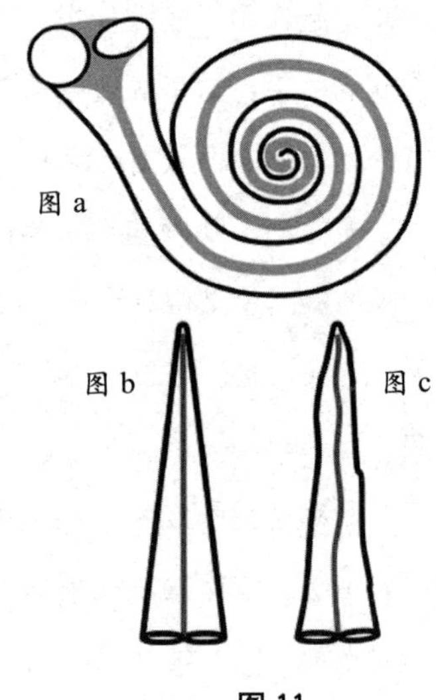

图 11

图 a 耳蜗，高低音探测器

图 b 全展开的耳蜗

图 c 半展开的耳蜗

就像不同颜色的光根据红绿蓝合成色刺激锥细胞一样，我们区分不同的声音频率，从低音到高音，大约 20~20000Hz，纤毛通过这些频率摆动。纤毛是轴突的远端，是将振动转化为动作电位的声音传感器。当声音沿耳蜗向上传播时，较低的频率继续沿耳蜗管向上传播，较高的频率逐渐消失。当纤毛沿着耳蜗向上摆动时，你会听到一个低音；如果纤毛在开始时摆动，你就能听到一个高音。

约翰尼花了几个小时试图区分不同的音符，将注意力引向从纤毛获取数据的声音处理器。这种有意识的注意力会形成更多的突触，也就是说，他会提高自己识别音符的能力。

但这种技能受到耳蜗结构的限制。由于突触形成和练习之间的反馈环路让他的音高感的湿件荡然无存，因此很难确定技能在哪里结束，天赋在哪里开始，反之亦然。然而，如果他的耳蜗有着不完美的几何形状，如果耳蜗的某些部分肿胀或收缩，那么，无论约翰尼练习多少次，他受损部位附近的纤毛辨别音调的能力将永远受到限制。

天赋异禀：先有先天工具，才有后天学习的能力

克拉克·肯特（Clark Kent）为《星球日报》（*Daily Planet*）撰写调查型博客，但他偶尔也会遇到一些邪恶的人，这些人密谋破坏地球上生命的持续和谐。在这种时候，克拉克走进一家星巴克咖啡店，拿出手机，一边大声说话，让每个人都厌烦，一边摘下眼镜，穿上紧身衣，变成超人。

但是，当他回到自己的星球——氪星的时候，就没有这些超能力了。天哪，克拉克的天赋只有在像我们这样的黄色阳光下才能施展开来。在氪星的红色光线下，克拉克只能当一名记者，每天写出2000字，没有其他本领。

克拉克的超能力是与生俱来的还是后天培养的呢？两者皆有。先天与后天不是竞争，而是合体。

如果到目前为止，我们讨论的只有一个概念，那么，它具有多个输入和输出的反馈环路、前馈环路和侧馈环路，以输出（通常是双重输入）的方式处理输入，最终会变成一个异常复杂的死结——就像这句话一样复杂纠结。

大脑是不是更像是一块白板，我们可以培养它去做伟大的事情，

也可以腐化它去做腐朽的事情吗？抑或，大脑是一套预先设定好的能力、偏见和天赋的组合？如果我们纠结于这个问题，就会错过重点。

先天与后天的问题把我们引向了错误的方向。

还记得通过研究豆类而发明遗传学的修道士格雷戈尔·孟德尔（Gregor Mendel）吗？就像每一门科学的发展一样，他发现了显性和隐性基因，原来这是一个巨大的无知“洋葱”的外层，也就是“一阶观察”，与其说是分辨彩虹的颜色，不如说更像是检测来自闭着的眼皮后面的光线。

事实证明，由纯粹的、不灵活的遗传硬布线（genetic hardwiring）所产生的特征，没有表观遗传特征（epigenetic characteristics）那么普遍。环境因素会迅速拉动表观遗传开关，以激活或关闭遗传特征、潜在天赋、不足、特点或缺陷。克拉克·肯特的超能力只有当他生活在一个黄色阳光的星球上时才会发挥作用；但是，先天和后天的相互作用很少有这么简单的触发因素。你的天赋来自你培养天性的方式——你在哪里闲逛，和谁一起闲逛，你吃什么、喝什么、抽什么烟，还有你选择和谁做爱——对我们中的很多人来说，这更适合描述为谁愿意和你做爱。

另一方面，如果你的父母是第 20 代红发凯尔特人（Celts）[①]，那么，无论你的母亲在怀孕期间喝了多少健力士啤酒（Guinness），或者你在母胎里接受了多少阳光照射，你都不会拥有没有雀斑的黝

---

①凯尔特人：西欧最古老的土著居民。

黑皮肤。你可能是金发、黑发、卷发或直发，但你的皮肤必定是苍白的。或者以我来说，如果我努力一点，我可能学会弹吉他。

激发你的天赋的环境“开关”有着各种各样的颜色。与体质更强健的人相比，那些患有疾病的人或那些长时间受伤、生病或承受疼痛的人处于明显的劣势。人们很容易将这些缺陷归咎于基因，并称之为缺乏天赋，但是，环境相互作用的复杂性使得这种推卸责任的把戏成为一种浪费时间的行为。清洁的水和空气，营养和免疫，父母的鼓励和素质教学的获取，以及一长串容易识别的杠杆，把我们推向了“分类账”的后天方面，但是，先天方面没有到位，这些开关和杠杆都不起作用。

你天生就有开发运算法则的本能和能力。人们很容易认为，是先天提供了“本能”，后天造就了“先进”，但如果没有先天的湿件，就无法开发任何一种“先进”。将“本能”看作是预先编程的处理器，将“先进”看作是配置新处理器的能力；两者都是由神经元网络所体现的工具，两者都需要先天禀赋。

人们不是生来就会说话的，但生来就有学习语言的天赋。先天为我们提供了一组经过优化的处理器，用于说话、倾听、把声音翻译成文字，但不提供单个词汇。词汇就像语言“食谱”的食材，语言“运算法则”的参数，属于后天培养的结果。如果一个人生来就没有预先学习语言的灰质，那么，学习一门语言的过程很可能成为这个人一生的唯一目标。没有这种天赋，这家伙就完蛋了，但瞧瞧你，就有这一点天赋，你 3 岁时就开始“八卦”了。

先天与后天的问题不是“先天与后天，哪个因素在决定一个人的天赋方面起着更大的作用？”这个问题是“一个人成长的环境是否充分利用了他的遗传特性？”就像民主或持久的婚姻一样，成功的关键不在于哪一方付出更多，而在于他们如何互动。

“白痴学者”：他们能沸腾被抑制的意识

大脑内的电化学平衡是由抑制和兴奋的动作电位之间的微妙平衡来维持的。出生时没有这种微妙平衡的人，行为就会不同寻常，看待世界的方式也会不同。这些差异可以提供竞争优势或削弱能力，抑或两者兼而有之。以不同的方式看待世界是创新和发现的关键。马努特•波尔的身高不正常，我认为自己也不正常，虽然不是身高不正常——我确实是地球上正常男性的身高。但我敢肯定，你们在很多方面也是与众不同的——淘气鬼。

对于“学者现象”（savant phenomena）的研究，就像刚刚开始剥洋葱的外皮，对此的一阶观察就是：“哇喔！这些孩子真的会数数、会记忆。”但是，当我们挖得更深一点，奇迹就开始变得有意义了。

一些典型行为的变化，比如，那些把人们置于自闭症或阅读障碍症状态的行为，可以产生让我们眼花缭乱的能力。但如果那个人的天才能力只出现在人类行为的广阔空间中的一个小角落，不太擅长做生活中简单的事情，也就是说，他只会做一件事，不会做其他任何事，那么，我们可以叫他“白痴学者”。这些看似矛盾的特质让观察者着迷。从表面上看，它们看起来就像奇迹一样。

社会对我们行为的限制比我们注意到的要严格得多。来自仙女座的同事可能不会注意到坐在椅子上和站在椅子上的区别，但女服务员会注意到。

如果除了一些可以接受的行为之外，你无法满足社会的期望，那么，你很可能在这些行为上做得更好。电影《雨人》（*Rain Man*）中的哥哥之所以数数这么快，是因为他有超级湿件，还是因为他做任何其他事都会惹上麻烦？对于快速计算和早期音乐或艺术天赋等“学者行为”的仔细分析表明，答案可能不是那么神奇，而是更像世界级音乐家未能去卡耐基音乐厅（Carnegie Hall）演出那样令人叹息。

兰迪（Randy）是个有问题的孩子。他对语言的掌握能力不强，但这并不妨碍他不断高声地牙牙学语。他感受任何不公正的行为都会尖叫和打架，他的父母怎么解释也没用，他依然不能接受那些行为。他只是没有抑制回路（inhibitory circuitry）来区分礼貌与无礼、整洁与凌乱、有趣与枯燥，等等。

兰迪不合群，所以，他花很多时间坐在角落里。很快，他发现在那里很安全，往窗外看要比被人叫嚷着要他做出自己无法理解的行为好得多。

一天，他数着窗外树上的叶子。他告诉母亲，他家窗外的那棵树上有 17740 片叶子。母亲说：“哦，亲爱的，你数不了那么多，你还不怎么会说话呢。”这让兰迪抓狂了，所以他回到角落里。过了一会儿，他告诉母亲，树下的地上有 133 片叶子。这一次，他是轻声说的，母亲开始好奇这是不是真的。于是，她走出去，自己数叶子。

很快，兰迪成了一位数数天才。

积极的反馈环路是这样的：惹上麻烦、坐在角落里、数东西、宣布惊人的事实、获得表扬或独处（对于许多这类的自闭症患者来说，独处就是最好的奖励）……继续循环数百次，直到没有东西可数。

兰迪是天赋异禀，还是技能完美呢？

“学者现象”发生在10%~30%的自闭症患者中，这些“学者”具有高度的注意力、递增的感官功能、惊人的记忆力，或大量的实践能力，涌现出来的天才集中在音乐表演、素描、油画、雕塑和数学（仅限于运算法则和几何）等领域。

一些患有严重自闭症的儿童表现出惊人的艺术能力，这与“实践技能模型”（practice-skill model）相悖。“白痴学者”的天赋或技能也往往会立即达到顶峰，达到精通的程度，并停留在那里，不会再有明显的改善。

记住，神经元可以被抑制也可以被激活。通过减少一些抑制作用，谨慎的左脑部分损伤或变形，某些能力得以释放。有一些中风患者，中风损害了他们的语言处理中心，他们却在素描和油画方面展示了非凡的天赋。也许他们一直都有这种天赋，但这种天赋被人们依赖于以语言作为一种交流方式所抑制。也许当一个处理中心关闭时，其他处理中心就会敞开。就像盲人更加依赖听觉和触觉一样，学习盲文，明眼人比盲人难得多。

约翰尼展示了大脑是多么活跃，为了追求音高、和声和曲调，他抛出了新的突触，伸展了各处的轴突。目前，许多神经科学家对这种现象都有一种暂时的解释，即当某些处理器因受伤或缺陷而受到抑制时——大脑就会超速运转，重新连接大脑中受抑制的区域，以执行不同的任务，即使未受抑制的区域，也会迎头赶上。

悉尼大学（University of Sydney）才智中心主任艾伦•斯奈德（Allan Snyder）提出了一种不同的看法，这与无数的、主要是独立的、自下而上思维的处理器的概念相吻合，这些处理器将重要的思想“煮沸”，形成自上而下的有意识思维的整体意识。也许“白痴学者”在他们有天赋的领域的“沸点”更低，也许我们都有自下而上的无意识思维的计算器，但由于兰迪数叶子的独特大脑能将他的数字“沸腾”为意识，而我们没有。

斯奈德认为，利用微弱的电磁信号抑制左半脑的某些区域，可以诱导学者的天赋。他的实验对象表现出更强的创造力，他解释说，这证明关闭某些模式探测器（pattern detectors）可以让大脑的其他区域产生不同的想法，而那些被抑制的大脑部位原本会抑制这些想法。

换句话说，当我们面对一个任务或问题时——画一只鸟，解一个微分方程，调制一种新的鸡尾酒，我们的大脑扫描以前在类似情况下有效的解决方案。不管出于什么原因，在扫描的同时，我们的大脑也会抑制我们对这个问题的偏见。

数学家满脑子都是“滚蛋吧，诗歌，这东西太乱啦！”诗人满脑子都是“让我歇歇吧，音节的数量并不重要吧”。然后，当更严格、更偏见的大脑信号被抑制时，数学家内心的诗人想出了一个新把戏。这个把戏也许奏效，也许不奏效，但不管怎样，它改变了数学家对这个问题的看法。也许诗人内心的数学家提供了一个对十四行诗整体的几何观点——一首单纯的十四行诗，于是，诗人创造了一个新的超级俳句。

阅读障碍症患者在解码单词方面有困难，症状包括颠倒字符，写反字母，以及学习阅读上的严重障碍。阅读障碍症患者在艺术学校的学生人数明显高于在普通大学的学生人数，那么这些人大脑中的湿件是用来解读非阅读障碍症人群的书面文字、致力于在他们的大脑中进行更具艺术性的视觉处理吗？或者，阅读障碍症患者之所以选择艺术，是因为他们在书写符号方面有困难吗？当然，这两个问题的答案都是肯定的。从本质上看，神经元之间互相激发和连接的反馈或前馈，意味着这两个答案都是它们自己的原因。

（1）神童

塞雷娜•威廉姆斯（Serena Williams）和维纳斯•威廉姆斯（Venus Williams）、莫扎特（Mozart）和泰格•伍兹（Tiger Woods），他们都是被父母“泡”在一种艺术染缸中的孩子。并不是说，每一个被父母塞进天才堆里的孩子都能成为天才。

托德•马里诺维奇（Todd Marinovich）天生就是打四分卫[①]的料。他的父亲是美国橄榄球联盟（National Football League，简称 NFL）的教练，从托德学会站立的那一刻起，父亲就开始教儿子这个四分卫与共他位置的细微差别。托德在高中时是一名明星四分卫，是南加州大学的先发投手，大学二年级之后，他被洛杉矶突击者队选中，进入第一轮选秀。尽管受过训练，也想取悦父亲，但托德却没有激情把醒着的时间用来提高自己，他也从未在这项运动的最高水平上出类拔萃。托德更喜欢在南加州的海滩附近玩滑板。

①四分卫：美式橄榄球和加拿大足球中的一个战术位置。

父母对某一领域的热情会对孩子产生巨大的影响，但如果孩子从未获得这种热情，那么，任何早期的天才迹象都不会从“天赋—技能循环”所需的积极实践反馈中受益。

当我 8 岁的时候，我的家人去奥克兰竞技场（Oakland Coliseum）做展览。我们看到一个高尔夫俱乐部公司的展览，其中包括一个高尔夫球果岭[①]。我第一次尝试就把球从 30 英尺（约 9 米）处打了进去，十几个人敬畏地包围了我。他们让我一次又一次地尝试，但那个该死的球甚至都没有接近那个洞。我只是一粒沙子，但不是他们想让我成为的沙子。不过这样也好，我穿高尔夫格子裤并不好看。

（2）成人天才

迈克尔·乔丹（Michael Jordan）直到高中三年级才进入高中代表队；阿尔伯特·爱因斯坦（Albert Einstein）得到了一份专利局的工作，而不是大学的教职；杰里·赖斯（Jerry Rice）没有得到一流大学的奖学金。

成人天才远比神童更有趣和鼓舞人心，因为他们证明了你和我仍然有机会！身高 6 英尺 6 英寸（约 1.98 米）的迈克尔·乔丹在篮球方面的天赋平平，他 15 岁那年上高二，他和朋友一起参加了篮球队选拔赛，他被拒之门外，但他的朋友却加入了球队。他满不在乎，并继续长期练习，让他的才华得以展现。

同样，杰里·赖斯从来不是球场上跑得最快的人，但最快的人

①果岭：高尔夫球运动中的一个术语，指球洞所在的草坪。

几乎从来没有追上过他，除非跑得最快的人在附近一直练习到其他队员都回家了，才能赶上还在练习场上的杰里。

文森特 • 凡 • 高（Vincent van Gogh）在 27 岁时开始画画。他过着麻烦的生活，他在道义和经济上都要依靠他的兄弟，但他却总是向他的兄弟挑战，与之斗争。他崇拜他的朋友保罗 • 高更（Paul Gauguin），而两人的关系也很紧张。

换句话说，凡 • 高拥有一位艺术家的理想气质！

他在 10 年内创作了 2000 多件艺术品，然后就去世了。他很可能是自杀身亡。凡 • 高是拥有天赋和高超技能的典范：他尝试了自己所能找到的油画、水彩画和素描的每一种方法，他的工作时间足以让高科技初创公司的那些 20 多岁的工程师看起来像兼职帮手一样低效；他以灵活和开放的心态去利用自己的一切天赋，最终创造出一种前所未有的后印象派艺术（post-impressionist art）——他的粗犷的笔触加上过多的颜料积累，在画布上产生了看似立体的图像，让人感觉这些图像实际上就是从画布上伸出来的。

激情驱动：让天赋和技能相互延展

“天赋—技能”反馈环路就像我们看到的一样麻烦。我认为，从马努特 • 波尔到马格西 • 博格斯（Muggsy Bogues）的故事，显示了从天赋到技能或从技能到天赋的延展是多么的不可能，但有一种单一的驱动力将他们联系在一起：激情。

5 岁时，马格西 • 博格斯手臂中过枪。他小时候曾经目睹一个人用棒球棒把另一个人打死；12 岁时，他的父亲因抢劫和吸毒入狱。

身高 5 英尺 3 英寸（约 1.6 米）——比全球男性平均身高矮 4 英寸（约 10 厘米），比 NBA 球员平均身高矮 16 英寸（约 41 厘米）——马格西•博格斯从巴尔的摩的穷街陋道一路打到了职业篮球，他在 1987 年的选秀中名列第 12 位。

像马格西这样的小家伙，15 年来为什么他一直处于打篮球的最高水平？当然，他不像马努特•波尔那样是一个多产的“盖帽”高手，尽管他在自己的职业生涯中确实“盖帽”39 次。他能跳 44 英寸（约 112 厘米），所以，如果他的手够大的话，他就能扣篮了。

马格西用尽了所有的工具，不断地练习。我们可以靠在椅子上，反复琢磨马格西那令人难以置信的灵巧和敏捷——他是他那个时代速度最快的球员之一，一个多产的抢球手，一个优秀的传球手。但我们是在自欺欺人，不断练习才是一个像马格西这样的小个子达到职业篮球最高水平的唯一途径。

马格西的动力来自方方面面。对他来说，篮球是残酷世界中的安全岛，有些孩子在这里交到了所有的好运。他和三个同样打职业篮球的朋友一起长大，这也许对他有帮助，对吧？在决定成功方面，哪个更重要？跟三个高个子的朋友一起练习可能会有帮助，但是，三个超级篮球明星在同一个人才库里，大大减少了一个小家伙上场的机会。当然，除非这种难度鼓励他把自己提升到无法想象的水平。

约翰尼的母亲告诉他，总有一天他会成为一个乐队的指挥者，吸引几英里之外的人赶来聆听。他的母亲相信他，使他更容易相信自己。还记得斯黛拉的彩虹故事吗？天赋和技能不会形成一个“光谱”——“一端是天赋、另一端是技能”，两者的组合会形成不同的颜色。随着技能的获得，天赋也显露出来；随着天赋的显露，技能也会获得。两者相依相存，缺一不可。

约吉•贝拉（Yogi Berra）说："棒球 90% 是脑力的比拼，10% 是体力的比赛。"如果约吉保留纪录，他会说，本书这一章的内容只触及问题的一半！

智力天赋与身高、双睫毛等身体天赋有何不同吗？我们需要研究我们是如何学习新东西的，尤其是那些抽象的东西，虽然它们永远不会帮助布奇打倒河马。但更重要的是我们需要知道，我们如何知道我们是否知道某事。

培养人才需要极大的热情，但也需要其他东西。我们对这种缺失成分的第一个暗示来自凡妮莎•莫米洛夫（Vanessa Mommylove）和她儿子维尼（Vinnie）的故事。

第五章　理智和直觉

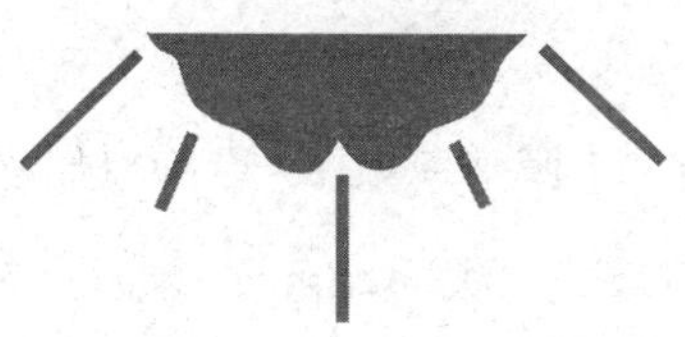

找不到孩子的妈妈

精力充沛的律师凡妮莎·莫米洛夫面临着令人筋疲力尽的一天：证词陈述、客户会议，以及午餐后的陪审团庭审，之后是合伙人会议。当她把 4 岁的儿子维尼送到儿童看护中心时，我们可以原谅她的分心。

她带着维尼穿过彩虹拱门，走进一间教室，教室里满是叽叽喳喳的孩子，他们有焦虑，也有欢乐。她跪下来，面对面地看着小维尼，看着他那双棕色的大眼睛。每一天，维尼都要为自己承担更多的责任，凡妮莎对他的成长感到无比自豪，同时也渴望时间可以慢下来。今天早上，维尼一个人把紫格子衬衫的扣子扣好了——但他没有把纽扣顺序排好。凡妮莎看了看手表，做了一个让自己感觉良好的决定：证词陈述可以等几分钟，她要先帮儿子扣好扣子。

她解开儿子的衬衫扣子，把每个纽扣与扣眼对齐扣上，对儿子说："看到妈妈是怎么让纽扣与扣眼对齐了吗，维尼？"维尼直勾勾地往下看，当他专注于衬衫扣扣子的过程时，他那可爱的胖乎乎的脸颊与微微皱起的眉头形成了鲜明的对比。她又说："我帮你拿着纽扣，你自己扣扣子。"维尼按正确的顺序把纽扣扣好。一共有

5 个纽扣，他每扣 1 个，就得花去 1 分钟。她看了好几次表，但尽力表现出耐心。

这对母子周围的局势还是有点儿混乱。凡妮莎能感受到其他家长和幼儿园老师的善意目光，但这些都比不上时间溜走的感觉——上班迟到的直接感受，以及对儿子迫在眉睫地从蹒跚学步的婴儿到男童再到男人的苦涩而甜蜜的怀旧之情。

当维尼一直扣到下巴下面，把最上面的纽扣扣好时，他的眼睫毛翘了起来，凡妮莎又看着那双棕色的眼睛眩晕起来。维尼的脸颊鼓起，他咧嘴一笑，尽可能地张开双臂，为自己感到自豪，他肯定会得到赞许的拥抱。

凡妮莎把儿子抱在怀里，紧紧地搂着他，说着她每天早上都对儿子说的话："我太爱你了，我真想把你'吃'掉！"

自从儿子学会说话以来，他这次的反应和之前一样："妈妈，别'吃'我！"

她把他放下。他转过头去，把脸贴在她的嘴唇上，她假装咬他一口。母子俩的日常告别仪式完成后，维尼投入与儿童汽车、球、娃娃和填充动物等玩具的战斗中。

凡妮莎站起身来，抚平衣服，转身走向门口。她在彩虹拱门前停了下来，回头看了看。维尼已经爬上了豆袋椅，正在把一辆塑料玩具自卸卡车推到另一个孩子的玩具老虎身上。这群孩子就这么嬉闹着，维尼的紫罗兰色格子衬衫、乌黑的头发和甜美的脸颊也跟着一起移动，这是幼儿地盘上的一座爱之岛。

现在迟到了 10 分钟，凡妮莎匆忙赶去上班。

她的一天，没有时间喘息，没有机会思考死亡，也不可能停下来反思人生，只有不断忙碌的互动、争论和一个下午的头痛。傍晚时分，她急匆匆地赶回儿童看护中心，打算在6点前赶到那里，否则，迟到的罚款就会越来越多，虽然这些罚款跟看见维尼独自一人在那里而感到的内疚比起来简直算不了什么。

还好今天的交通畅通不堵车，她下午5：30就把车开进了停车场，这是家长接孩子放学的高峰期。

她走到彩虹拱门下，听着孩子们嬉闹的刺耳高音，在混乱的人群中寻找维尼的身影。

一个穿紫罗兰色格子衬衫的孩子朝她跑来。他长着黑色的头发、棕色的大眼睛，当他走到她身边时，他会伸出双臂，把头转向一边——这正是凡妮莎和儿子的日常见面仪式。

但这不是维尼。哦，是的，这个孩子长得和维尼一模一样，穿着她在9个小时前留给儿子的衣服，模仿着维尼的动作，但凡妮莎知道这不是她的儿子。

这个孩子等了几秒钟，好像他希望凡妮莎俯下身来假装咬他的脸颊。相反，凡妮莎继续在人群中搜寻维尼。她猜想，他一定是和这个小冒名顶替者换了衣服，所以她仔细看了每个孩子的脸，但他们都不像维尼。站在她脚边的这个孩子用胳膊搂住了她的腿，她却想甩开他。

一些惊恐画面的碎片刺痛了凡妮莎的心。

她脚边的孩子开始号啕大哭：“妈妈，‘咬’我的脸！”

凡妮莎推开了小男孩的胳膊，拉起了他的手。她带着那个正在抽泣的小男孩走到老师面前，问道："维尼在哪儿？这个孩子为什么穿我儿子的衣服？"

"什么？"老师答道，"开什么玩笑？"

"我儿子在哪儿？"

这时，小男孩大叫："妈妈，是我！"

凡妮莎看了看老师，然后看了看小男孩。她转过身去，试图集中注意力。你懂的，凡妮莎是一个非常聪明和自律的女人。她脑子里有一种警报响起的感觉，这不仅是因为她找不到维尼，还因为她知道自己忽略了什么。她梳理了一下自己曾经学习的内容，发现自己病了。她想起来在她10年前参加的一次讲座中，她的心理学教授描述了替身综合征（Capgras syndrome）的症状。

替身综合征是一种罕见的神经系统疾病，是一部分小狗脑与费曼脑分离时引起的。你看，当凡妮莎看着维尼的时候，并没有像看到儿子那样激动。她不想轻咬他的脸颊或紧紧地拥抱他。他很可爱，但不管她怎么努力，她的直觉和理智之间的脱节是如此之深，以至于她无法把他看作自己的儿子。

凡妮莎深深地吸一口气，回顾她的一天，并回忆起午饭后的头痛。她当时完全喘不过气来，脉搏也很微弱，她只好躺了一个小时。后来，她开始觉得好些了，终于熬过了一天，但现在她意识到自己一定是中风了。

一旦凡妮莎的理智战胜了她的直觉，她就会明白，这个和她的儿子长得一模一样的哭泣的孩子确实是维尼。她跪下来，伸出双臂，就像她之前对维尼那样。他投入她的怀抱，她带着他穿过彩虹拱门。

当他们到达停车场时，凡妮莎找到了自己感情的替代品。她有意识地决定像对待任何与父母失散后的孩子一样对待维尼。她一想到这事就摇摇头，因为她敢肯定，维尼已经离开她了。

做出反应之前：智力和情感无法分离

凡妮莎希望一眼就能认出自己的儿子。当她无法立即认出他时，她吓坏了。她必须慎重地努力，这是个艰巨的任务。很少有人能抑制住恐慌，以集中足够的精力得出一个合理的结论，但凡妮莎是一个非常聪明的女人。

就像我们喜欢幻想自己可以冷静客观地观察文化、政治、科学，甚至艺术一样，我们也喜欢认为，我们内心理智的费曼脑可以在不咨询我们内心情感的小狗脑的情况下做出决定。但这都是无稽之谈。

我们希望不假思索就知道一些事情，我们学会相信自己的直觉反应。你有多少次出去散步的时候感到厄运即将来临呢？当你进行大规模采购时，你的直觉会有很大的发言权，不是吗？有些人凭直觉就能以惊人的准确性判断麻烦事，而有些人的直觉比较迟钝，就像我一样。直觉正确的人给我留下了深刻的印象，但是，当他们犯错时，我从不感到惊讶。

我的偏见是，我们最好把事情想清楚，至少当我们有时间想问题的时候要做到这一点。不过，这种逻辑有一个很大的漏洞：我的偏见使我误以为理智和直觉是两码事。

直觉可以归结为一种理解的感觉，一种即使你错了也以为你是对的感觉。当我们仔细思考答案时，也会有同样的感觉。凡妮莎记得关于替身综合征的讲座，她把记忆碎片拼在一起，辨认出了这种病症模式，于是有了一种认知的感觉。由于对替身综合征没有情感上的依恋，认知的感觉并没有因此抑制。她无法认出自己的儿子，因为她的“维尼模式”是建立在感情基础上的，而中风扭曲了这种模式，让她认不出来。

我们要去学习，去了解，去相信，所有这些经历都建立在感觉之上。如果你不确定，你就永远不会“明白”，而“明白”才是一切。所以，即使是我们内心的费曼脑，也依赖于内心的直觉。

问题是：我们的直觉怎么变得这么敏感呢？

不断学习：我们能不断提高答案的分辨率

因为大脑是一种未加工的物质，属于身体部位，所以，理所当然地，大脑就像腿、手、手指、脸和睫毛一样，具有不同类型和水平的才能。

智力上的天赋并不确定，其中的原因很多。大约在 18 世纪末，一位名叫约瑟夫·加尔（Joseph Gall）的生理学家开发了颅相学（phrenology）。颅相学认为，颅骨和任何其他体腔[①]一样，填充颅骨的大脑是由不同的器官组成的，这些器官往往负责不同的任务。正如 18 世纪一位称职的医生可以通过检查人们腹部来诊断器官的功能一样，加尔分析了人们头骨的形状和大小，以确定他们的心理能力，

①体腔：人的体腔由隔肌分为两个部分，胸腔和腹腔。

甚至他们的犯罪潜力。

通过测量一个人的头骨的凸起和大小来判断他创造艺术、行医或发明东西的能力，远不如通过测量一个人的身高和体重来猜测他在篮球场上的表现有效。

大多数艺术形式结合了身体和智力，比如绘画、雕塑、橱柜，以及制作音乐，不仅需要创作所需的灰质，还需要敏捷和手工灵巧的元素。我们能想到的与之相反的一种情况就是数学：身体上的力量几乎起不到任何作用。

古老的智商测试试图把我们认为是智力天赋的所有东西组合成一个数字。我们可能会一致认为智力包括学习和理解、推理和交流、创新和创造的能力，用单一的标准度量一个复杂的、多维的、多方面的、定义不明确的实体，有点像用草地的高度来测量一个足球场。你学到了一些重要的东西，但可能会产生你已经知道整个故事的错觉。

预测未来会成功最著名的因素不是高智商，而是一种放弃即时满足的能力，也就是说，自律能打败智商。如果你正在搜罗未来的诺贝尔奖得主、医生、法官和总统，请召集你心中的候选人们，跟他们玩个小游戏：你现在吃一块饼干，或者等 10 分钟再吃两块。那些有耐心等待的孩子会统治那些贪得无厌的小家伙。

我们应该把自律看作是天赋还是技能呢？你的答案可能取决于你和 3 岁孩子讲道理的经验。

（1）菜谱和运算法则

如果你剥去你的费曼脑，也就是你的大脑新皮层，你会得到一个薄薄的、灰色的、皱巴巴的壳，它的表面看起来几乎一样。它分为六层：底部是一个由轴突构成的垫子，其他层是紧密排列的不同类型的神经元。第二层、第三层和第五层大多是金字塔状的神经元，第四层是星形的神经元，而外层形状不同的神经元集中在不同的区域，就像前额后面反应缓慢的神经元一样。这是一个庞大的网络，具有充足的连接性，但有点混乱。

神经科学家给大脑皮层的褶皱和脊状突起命名，以识别那些在基因上与特定过程相协调的区域。虽然不同的处理中心执行不同的任务，但它们并不是真正相互独立的，而且我们不知道它们的物理结构如何不同，甚至是否不同。整个大脑新皮层可能由相同的重复结构组成。在任何情况下，每个处理器都必须学习如何完成自己的工作，无论这种学习是在一代代的自然选择过程中发生的（比如人们看、笑和思念的本能），还是这种学习包括教育或培训（比如代数、水暖和雕刻）。

若要了解我们如何学习东西的核心，请想一想菜谱：一份食材清单，一份如何以及何时搭配和烹饪的说明书。菜谱是烹饪特定菜肴的“运算法则”。如果你翻动一本用你看不懂的语言写的烹饪书，烤宽面条的食谱看起来和做蛋糕的食谱一样。如果你能读懂这门语言，就会发现食材不同，但食谱的格式和步骤是相似的，也就是说，结构相同，但细节不同。如果你生来就会烹饪，那么，你很早就搞清楚了这种结构，当你获得经验时，你就会知道每道菜都要用到哪些食材、哪些搭配和烹饪技巧；你从一种“运算法则”开始，并调整各种参数。

我们天生会识别他人，因为我们有面部识别的“运算法则”。

假如人脸是一个食谱，我们必须了解我们认识的每个人的“食材”。

短吻鳄认不出自己的孩子，这是真的。早上，鳄鱼妈妈在去沼泽的路上把孩子送到了“短吻鳄托儿所”后，它在阳光下懒洋洋地躺了一整天，吃着松鼠、小猫和鱼，然后回家去接自己的孩子们。进入托儿所的湿地，它无法分辨自己的孩子和别人的孩子；它很乐意叼走任何一个孩子。

你怎么能在一大群人中立刻认出自己的孩子呢？我的意思是，这和从吧台上的其他啤酒中认出你自己的啤酒不是一回事，但是孩子们看起来都一样。

你在去上班的路上，把4岁的聪明女儿布里尔（Bril）丢在了托儿所，然后你就去了“格子间”[①]。你花了一整天的时间在会议之间穿梭，喝咖啡，聊“八卦”，和老板神侃，创作和展示令人惊叹但未被欣赏的天才作品，然后，在回家的路上，你在儿童看护中心停下来接布里尔。你走进来，看到一群2~5岁的孩子。那么，哪个是布里尔呢？

你扫视了这一大群孩子。布里尔的声音、头发颜色、脸、身高、体型，所有的细节或参数或“食材”都在这里了，尽管有一群不停移动的孩子，你还是可以很容易地从人群中挑选出她，因为她是你的孩子。

没有印象吗？我也是。但请想一想：4岁的布里尔看起来和2年前完全不一样。由于她每天穿不同的衣服，她今天看起来和昨天几乎

①格子间：办公室，意指上班。

不一样。与鳄鱼妈妈不同的是，你不断地调整参数来识别自己的孩子。

如果你有一个 11 岁以上的孩子，你已经意识到了这一点——情况会更糟。理解孩子的性格需要大规模的动态的模式联想（pattern association），孩子的外表只是他们的一小部分参数，他们的情感和智力状态需要更大的处理。青少年总是宣称父母不理解他们，这源于一个恼人的事实：他们说得对，而且父母很忙。父母大脑中孩子心理状态的模式往往滞后于现实。我们倾向于养育比实际孩子小几个月或几年的孩子，直到一些危机迫使我们更新自己的湿件。这很累人，但不知何故，我们把它推荐给了别人。

我们的神经网络就像运算法则和食谱一样，在非常普遍的意义上识别和关联模式。本能的行为带有预设的参数，而其他行为则需要学习。在不断增长的抽象树形中，我们的湿件运算法则可以识别模式，并创建其他运算法则来识别更多的模式。

在神经科学术语中，从本能到学习、从具体到抽象，对应着从低到高的可塑性。

（2）可塑性

你的青蛙脑害怕蛇，你的小狗脑讨厌真空吸尘器，你内心深处的费曼脑对信用违约交换感到困惑。

自然选择开发了越来越复杂的湿件，通过重新利用以前开发的设备来处理越来越复杂的情况。青蛙脑的神经元和费曼脑的神经元并没有太大的区别，但是，一旦人们开始说话——更具体地说，一旦我们开始抱怨——身体进化太慢，无法适应我们对更好的娱乐选择不断上升的需求。文化进化加快了速度，自然选择没有为费曼用来描述量子电动力学的高级微积分提供特定的电路。不，在他之前的伟大数学家们重新定义了他们大脑中的符号处理器的用途，以发明新的思维方式，费曼也向他们学习了。

人们强迫自己的大脑做自己想做的事情的能力，叫作可塑性。可塑性可用于不同的目的。

先进性每增加一级，都要以原来的级别为基础。对性的渴望和对量子引力的渴望，并不是用同样的湿件，但从这两种欲望的意义上来说，它们是相似的，而不是不同的。

（3）教育

我画了一幅漫画，讲述的是自上而下的有意识思维的教育过程。

图 12　兰塞姆的教育模式

图 12 中这位老师给学生们展示各种模式，学生们有意识地思考这些模式。我指的是我们所认识的事物的最广泛意义上的模式：事实、过程、想法，或是每一种类型的概念。这些新的概念进入了学生们的分层思维结构的顶端。

这位老师通过阅读、练习、论文和实验活动，强迫学生将新模式融入自己的模式存储中——所有这些都可以归入实践和经验的范畴。当老师将这些模式更深入地融入学生的思维结构时，学生们开始将这些模式与其他模式（新模式和旧模式）联系起来，而不必仔细考虑每一个细节。从此处看，这个过程就像约翰尼在铁轨边弹吉他一样。学生们在某个时刻顿悟，就像约翰尼从演奏音符过渡到演奏音乐一样，他们在掌握了一门课程之后，可以将该技能应用到下一节课中。

比尔（Bill）正在学习神经科学。他一生都和人类生活在一起，在此过程中，他学会了一些心理学、哲学和历史，以及一些既定模式。当出现一个新主题时，他的自下而上的无意识思维的各种处理器会尝试将该主题与已经识别的模式相匹配。如果处理器找到合适的匹配，他就会继续前进。但如果他不明白，他大部分右脑内部的胡说探测器（bullshit detector）就会产生一种混乱感。当他对这个令人困惑的概念感到困惑时，他会找出既定模式，并使用他的自上而下的有意识思维的处理器来修改和调整它们，直到他认为自己找到了一个新的模式来解决这个难题。

他将新模式反馈给他内心的看门狗（胡说探测器）进行评估，他的自下而上的无意识思维的处理器将其与更早存在的相似模式

(理解的立足点) 进行了广泛的比较。比尔逐渐喜欢上了速度和效率，而不是准确性，于是，他不断地预测最终的结果，总是得到“我懂了”的巨大满足感。好学生专心听讲，总是拖延这种满足感。

当他最终想出一个不与难题的参数相矛盾的模式时，他宣称“我懂了”，然后得意洋洋地去参加朋友聚会。

（4）记忆

我们在记忆的基础上建立现实的模型。如果没有不断发展的经验日志为我们提供语境，我们将一无所有。

因为所有的哺乳动物都有记忆的能力，所以，我们的小狗脑能够处理记忆的形成。海马体（hippocampus）和杏仁核这两个类似器官的处理器参与其中；海马体储存外显记忆（explicit memories），比如人物、地点、物体和方程式，而杏仁核则储存无意识的运动技能和即时感知。当涉及带有沉重情感内容的记忆时，两者开始“玩手球”。记住，杏仁核储存着你的战斗、逃跑、冻结或交配的湿件，因此，它需要快速获取信息，以便立即做出能够挽救生命的决定。海马体和杏仁核也会判断哪些东西值得储存，哪些不值得，但你的海马体需要长达 3 年的时间来记录一份永久记忆。

记忆不会像书本或磁盘上的文件那样被隐藏起来。越来越多的证据表明，它们被记录为“记忆痕迹”（engrams）——联想分布在大脑许多部位的物质基础，通常被描述为“全息”（holographic）。全息图就像照片，只不过它记录的不是物体反射的光的颜色和亮度，而是物体反射的光的衍射模式（diffraction patterns）。这里用到了更复杂的概念，你们不介意吗？让我们克服一下吧。

当约翰尼学习 G 和弦时，他联想到了许多不同的模式。他把和弦与视觉皮层联系起来，这样他就知道是哪些弦在起作用；把和弦与运动皮层联系起来，这样他就知道如何把手指放在琴弦上；把和弦与声音处理器联系起来，这样他就知道和弦的声音；把和弦与符号处理器联系起来，这样他就知道和弦在乐谱上的样子。所有这些处理器之间的联系形成了一个横跨大脑的“轴突—树突”连接网络，随时准备被激活。或者，如果你把大脑想象成一张地图，那么，记忆就像去你最喜欢的酒吧的方向。地图一直存在，但是，只有在你准备喝一杯的时候，才会点亮你现在所处位置到当地酒吧的特定路径。

无论是弹吉他、阅读，还是读书之外的活动，比如，如何在穷街陋巷大摇大摆，在电报大道上趾高气扬，或者在机场里大步行走，在我们的思维层次结构中，当模式被压缩到越来越低的处理器中的时候，它们就变得无意识了。你不必小心翼翼地把每根手指放在这里或那里，读出字母或当心脚下，而是可以玩很酷的重金属音乐，阅读很棒的文学作品，或者心血来潮，昂首阔步地穿过任何一个社区。

有人可能会说，开发如此低级机械的理解能力，等同于训练直觉。有人可能会这么说，我们也会这么说，但是，当你读到本章后面的内容时，就会改变想法。

（5）分辨率

假设你坐在开阔草原上的一根电线上。向下看，你看到草丛里有东西在动。因为它很远，你知道有什么东西在动，但你看不见是什么东西。你转向坐在你旁边的老鹰，问道：“下面发生了什么事？”

老鹰说：“有 7 只小老鼠正在断奶。我在等它们的妈妈回来，然后我要吃了它。你想让我给你详细描述其中一只小老鼠吗？”

你向下看，你所能看到的只是草丛中的影子和一些不规则的运动。“7 只小老鼠吗？”你问道。

“对，7 只小老鼠，”老鹰说，“你看我的瞳孔有多大？”

你看着老鹰的眼睛，发现它的眼睛里全是瞳孔。

老鹰说：“你的瞳孔这么小，只能看清一个街区的两栋房子。但是，我用锐利的眼睛可以分辨 100 英尺（约 30 米）内被草叶分隔开的物体，难道说 30 英尺（约 9 米）对你来说更有意义吗？”

分辨率（resolution）是一种区分两个相近事物的能力。这个想法来自光学。19 世纪的英国物理学家瑞利勋爵（Lord Rayleigh）证明了天空为什么是蓝色的。他指出，分辨两个近距离物体的能力取决于瞳孔的大小，也就是光圈（aperture）；光圈越大，分辨率越高。

我们的“模式—识别—分类—预测”的思维过程受到我们所隐藏的模式数量的限制。我们获得的模式越多，大脑的光圈就越大，我们的思想的分辨率就越高，我们的预测就越准确，我们就越不容易因观念偏见而犯错误。

也就是说，教育提高了我们的答案分辨率。任何学科的教育——文科学生消耗的大量书籍，科学技术专业学生解决的没完没了的家庭作业问题，以及任何形式的街头生活、山区生活或海上生活的原始体验，都是在接触不同的模式。

音乐家可以分辨出对你我来说可能是相同的两个音调，画家分辨颜色，历史学家分辨时代，政治家分辨……好吧，没关系。

知道一切的“超级天才”拥有完美的分辨率：每一种现象无论有

多抽象，都有一个独特的分类。另一方面，“超级笨蛋”把一切都归为一到两类，忽略了每一个细微差别，每一个显著的特征。你和我就在超级天才和超级笨蛋之间。我们有自己的偏见，但我们学得越多，就越能接触到最广泛意义上的教育和经验，我们的答案分辨率就尽善尽美，偏见就越不会干扰我们对世界的欣赏。哦，希望如此。

直觉思维：吹往特定方向的风带来积极的涟漪

我最喜欢的5本书（和电影）之一就是尼克·霍恩比（Nick Hornby）的《失恋排行榜》（*High Fidelity*）。像霍恩比的大多数书一样，这本书讲述了一个自私的男孩在寻找爱和满足（天哪，我不知道为什么这么喜欢他的作品）。最后，男孩说：“从14岁开始，我就一直在用我的直觉思考。坦率地说，在你和我之间，我已经得出结论——我的直觉非常迟钝。”

我们的直觉为我们做了很多决定，有些直觉更明显，有些在正常范围之内，但另一些……嗯，有时我们需要先把事情想清楚。在股市投资时听从自己的直觉会毁掉你的财富，而那些听从自己内心的直觉而不是评估复杂外交局势的世界领导人会引发灾难、悲剧、萧条和衰退，尽管他们仍然有再次当选的本领。

布兰迪（Brandi）喜欢冲浪，上周一场台风袭击了包姚[①]，今天带来了完美的海浪。她带着她的三斜板（一种底部有三个小鳍的

---

①包姚：匈牙利南部一城市，多历史古迹。

冲浪板——真是极好的）来到海滩，她有一种兴奋的感觉。这种兴奋来自联想到海浪的大小和形状——平滑的圆柱体，从北到南依次折叠，伴随着令人兴奋的结合——身体上的掌控，脆弱的控制和肆无忌惮的加速，以及冒着在沙子上磨破脸皮的风险——真粗糙。

布兰迪整天泡在海浪里，午餐吃一个西瓜（她残忍地吃了一整个西瓜——真野蛮）。

太阳落山时，她脱掉潜水服，感到肌肉一阵愉快的紧绷感，于是，她准备回家。她沿着悬崖道走着，突然看到了一个汉堡店，似乎是突然冒出来的，她需要炸薯条。布兰迪整天冲浪，出汗很多。西瓜午餐提供能量和水分，但没有盐，现在她的青蛙脑需要盐分。随着想法升级，她的小狗脑将她的青蛙脑的要求提炼成对炸薯条的渴望。布兰迪这时所期待的快乐来自于加盐的炸薯条，这很容易理解。鹿、熊和人都喜欢偶尔舔一舔盐。

布兰迪对盐的渴望走的是一条从她的直觉到食欲的单行道。我甚至没有想到盐，关于盐的联想足以激发最简单的直觉。

当一个答案突然出现在我们眼前的时候，当我们看到某物并知道答案的时候，甚至当这个问题还不曾被问及的时候，这些情形都像布兰迪渴望盐一样。许多无意识的过程将这个凭直觉知道的答案传递给一个未被问及的问题。

有两种感觉是我们理解能力的关键：一种是你不解时的不和谐，另一种是你理解时的和谐。进退两难的局面产生怀疑时的不和谐，就像“我把啤酒放在哪里了”一样，而解决方案带来确定的和谐，就像你饿的时候狼吞虎咽的一顿美餐，就像“天哪，比尔，填馅火鸡！哦，天啊，面包布丁！真是美极啦！”一样。

直觉源于自下而上的无意识思维的处理器，我在没有意识到问题本身或推导答案过程的情况下，将一个答案归结为意识。产生直觉的无意识思维过程仅仅比意识低一步，就像我们比喻的“一壶水变热了”“水真的热了，快烧开了”，没有任何有意识的思考，答案就出现了。

（1）认知的感觉

你为什么喜欢解决复杂抽象的问题？是什么驱使你发明网络卡拉 OK 的？是钱吗？莫奈（Monet）画了那么多睡莲叶子，就为了上床睡觉吗？

当你的食物供应不足时，盐会以神经递质鸡尾酒的形式给你带来简单的生理满足，这些鸡尾酒的具体成分尚未确定，但能让你感到满意。盐味的满足可能包括伽马氨基丁酸（gamma amino butyric acid，简称 GABA）、血清素和内啡肽（endorphins）。冲浪，或者任何能让你兴奋的事情，都是一种含有多巴胺、肾上腺素和内啡肽的“鸡尾酒”，但是，为什么要画睡莲叶子呢？为什么要发明、发现或创造呢？兴奋点是什么呢？

如果穴居人布奇不能想办法把河马拖回家吃晚饭，他就不会上床睡觉，那么，当他发明了轮子和一辆与之相匹配的马车时，他就会获得极大的满足。成就会触发神经递质和荷尔蒙的产生，让你感觉良好。理解也是如此。我们体内的“药剂师”传递这种感觉，就像它发生一场性爱后的喜悦和满足感一样。

光与暗、热与冷、臭与香、响与静的感觉直接从我们的感官进入我们的思想。在处理过程中，更进一步，像疲惫、饥饿、恐惧和欲望都来自于联想的本能模式和感官输入；再更进一步，无聊、快乐、悲伤和满足来自不同模式的综合，但这些最终来自我们的感官，在处理过程中要更进几步才行。

信念的感觉、认知的感觉，就像一种抽象的感觉。我们感受到它，却没有解铃的办法。这种感觉与感官输入没有直接关系，它需要处理。它是具体的感觉，就像饥饿一样，但它涉及综合和联想，比如快乐和其他形式的满足。

认知的感觉最奇怪的是它突然出现的方式。我们意识到完成一个拼图之前，我们必须得到所有的碎片，我们必须把它们扔来扔去，尝试不同的拼接，看看它们是如何组合在一起的，但是，没有这种理解的本质，我们永远不会知道我们已经完成了。

反馈或前馈环路涉及你如何与世界互动，以及它如何与你互动，这一循环被一遍又一遍地复制，而不仅仅是在个人身上。你影响我的大脑，从而影响我的身体，然后再影响你的大脑，进而影响你的身体（我为此道歉，这是偶然的接触），影响我的银行账户，影响……通过组织层面的团队动态，一遍又一遍。

这些相似层的结构称为“分形”（fractal）。数学和其他领域喜欢发明术语的原因将在下文中讨论，也许只是推断而已。为了避免术语给你们带来负担，我更喜欢使用“自相似”（self-similar）代替“分形”。自相似系统在每个尺度上看起来几乎都是一样的，也就是说，无论你看到的是整个系统还是一小部分，感觉上几乎都是一样的。

大脑的自相似结构在更高的抽象层次上复制感觉。问题的感觉，麻烦的不和谐，认知的感觉，以及理解的和谐，都是从类似的结构中产生的，这些结构鼓励布兰迪寻求法式炸薯条的咸味。

我们和其他动物一样需要盐，但我们不与动物分享对金钱的需要。也正是为此，我的小狗脑对透支完全不感冒，虽然透支让我紧张。

（2）启动效应

布兰迪丢下冲浪板，冲了个澡，然后走进城里去喝一杯啤酒。1 英里（约 1.6 公里）之外，兰迪也在做同样的事情。在路上，他们每个人都要穿过一条繁忙的街道。布兰迪走近人行横道，一辆装饰豪华的汽车立即停下了，司机微笑着挥手示意，其他汽车也纷纷效仿；布兰迪回了个微笑，大踏步走到了街上。

在城市的另一边，兰迪来到了人行横道。一辆汽车从一个街区外驶来，有足够的时间避让拥有优先通行权的行人。但当兰迪走到街上，这辆车并没有停下来，而是超速绕过了兰迪。跟在后面的那辆车，直到最后一刻才注意到兰迪，也没有试图在人行横道上停车，而是按喇叭，从他身边呼啸而过。兰迪现在站在一条四车道的马路中间，另一个方向的车辆停下来等他慢慢地过马路。为了抗议兰迪的缓慢过马路，等在那里的其中一辆车的司机用中指对他做了一个不友好的手势。

布兰迪和兰迪同时来到酒馆，他俩分别坐在酒吧的两端，都向调酒师打手势。你认为我先招待谁？

布兰迪的心情好多了，你可以从她的脸上看出来。她很快乐，态度会很好，给的小费可能也会更多。兰迪的眉头紧锁，他看起来很不高兴，正在敲吧台，已经对我不耐烦了。尽管兰迪显然比布兰迪更需要我的帮助，但我正朝着布兰迪的方向前进。

启动效应（priming）是安慰剂效应（placebo effect）的一种形式。如果你相信好事会发生，你就会更有可能把发生的事情解释为好事而不是坏事。当然，这一切都在你的脑子里，但如果我在这一点上说服了你，那就是——是的，这一切都在你的脑子里。

例如，如果你召集了1000名偏头痛患者，向他们详细介绍一种新药是如何最终解决偏头痛问题的，然后向他们提供空胶囊，大约20%的人会感到缓解——不是假的，病痛真的减轻了。

安慰剂效应已经得到了很好的证明，以至于对人和其他动物进行试验的科学家们花费了大量的精力去改进方法了解它的作用，以及如何将其从科学成果中删去。这种双盲法（double-blind technique）确保了试验对象不知道他们是服用了试验药物还是安慰剂，这样就无法在他们当中产生启动效应。

启动效应更常见的例子之一，就是当你心情不好时强迫自己微笑，最终，你的情绪会变得温和。来，深呼吸，常怀感恩，包括那些烦人的废话。

启动效应会使你的“直觉—决定”回路产生偏差。

我们一直在用渗滤隐喻来比喻自下而上的无意识思维的并行过程和自上而下的有意识思维的统一意识的汇合，因为我怀疑这可能是一种实际的渗滤现象。让我暂且换一种隐喻吧。

如果自下而上的无意识思维的并行过程在池塘表面形成涟漪，那么，启动效应就像一股持续的风，朝着特定的方向吹去。

由于风会引起水流，启动效应的风会将涟漪推向特定的方向——快乐或悲伤，情绪高涨或低落，苦涩或甜蜜，而不是由每个处理器发出的一组对称的圆形波纹干扰并结合成无偏解（unbiased solutions）。它们仍然相互干扰并结合在一起，但不是以一种没有偏见的方式出现。

熟悉性并不会引起轻视，反而会减少怀疑。与国外的情况相比，熟悉的情况无论是不是更危险，都会降低我们的警惕性。在瑞士日内瓦被抢劫的可能性比你现在所处的任何地方都要低得多（除非你在日内瓦或比日内瓦更安全的地方，如果有这样的地方的话），但你在这里（你居住的地方）没有在那里（日内瓦）那么警惕。

骗子善于利用启动效应。当骗术包括产生镜像反应，将你置于假想受害者的困境中，或者，如果让你和那些表示欣赏你的才华和美貌的友好之人在一起，让你心情舒畅，而不是让你周围的人拉响警报或怀疑你的天赋，那你就更容易上当受骗了。

如果乐观的风吹起，你就会体验到积极思考的力量。启动效应会让你意识到机会，将你和周围的人联系起来。停在布兰迪面前的那辆车给了她一种积极的感觉，她把这种感觉带给了调酒师。弗兰克·兰塞姆很早就知道了启动效应，所以，他在人群中大笑，然后独自哭泣。

在某种程度上，我们遇到的每件事都能激发我们。和你一起出去玩的人、天气、音乐和交通状况，都能启动你的情绪、抱负、政治情怀和宗教信仰。

开启创造性过程：先启动你的直觉

当我们的大脑中挤满了各种各样的模式和良好的答案分辨率时，我们的直觉就不太可能对大脑产生影响。我们已经学到的智慧和学问促进了我们的理解能力，但是，对所有类型的理解都来自直觉的爆发。凡妮莎依靠直觉的瞬间理解，认识到她不断变化的儿子，当她识别失败的时候，她吓坏了。我们依靠直觉，对我们面对的一切问题都能提供即时的无缝识别，而这些问题的答案来得如此之快，但这些问题看似从未被提及，就像布兰迪对盐的需求一样。

我们依靠这些相同的过程来组装那些对我们来说太复杂、太繁多和太困难的拼图碎片。通过关注一个或大或小的问题，我们启动了自下而上的无意识思维的处理器来提供我们需要的洞察力。当我打字的时候，文字仿佛是自发地冒出来的，但是，如果我没有和你交流的愿望，这些文字就不会浮现出来。

纯粹的天赋，比如马努特·波尔的身高，在多大程度上影响了直觉反应的准确性，这是一个很大的问题。马格西·博格斯通过练习爬上了顶峰，但练习永远不会让他长高。尽管我受的教育太多了，还曾在穷街陋巷、电报大街和机场消磨时光，但与许多答案分辨率较低的人相比，我的直觉还是非常迟钝。也许我只是不够相信自己的直觉，也许我们的直觉对未被提及的问题做出准确回答的程度，既取决于启动直觉的方式，也取决于某种智力天赋。

如果你说服你自己能做到这一点，你就会有更好的机会。如果一位女教练问队员对失败的反应如何，那么，她赢的可能性要比让队员准备胜利庆典的教练更小。我从来都不是一个拼命喝彩的人，也很少独处，但不可否认的是主场优势，只要球队有充分的准备。

我们的大脑是易适应的、有弹性的、可塑的，它们是重复使用、回收和再利用的王者。理解从简单的事情开始，和其他哺乳动物认为理所当然的事情一样，然后，我们在简单的事情之上搭建“支架”。一个咕哝声变成了一个单词，单词变成了符号，有些符号变成了逻辑，还有些符号变成了象征性印象，这样便抵达了那个抽象的支架。

现在的问题是：如何以一种既能补充直觉又能利用直觉的方式来激发我们思考、计算和分析的能力，以便我们能够走得更远，爬上那个支架，以前所未有的方式看待事物。当我们面临挑战时——无论是工作中一些非常私人的蠢事、影响几十亿人的巨大问题，还是仅仅试图帮助一个孩子度过艰难的一天，答案都来自于创造性的过程。

我们不断地创造，我们很擅长创造。不管你有多少经验，你的过去都是创造力的遗产。你已经遇到了问题并创造了解决方案。我们擅长某件事，并尽可能多地重复使用我们的解决方案，但有时我们挖掘得太深，抑制了自己高瞻远瞩的能力。

现在，请允许我用一个隐喻来说明分析力及其与创造力的关系。

第六章　分析力和创造力

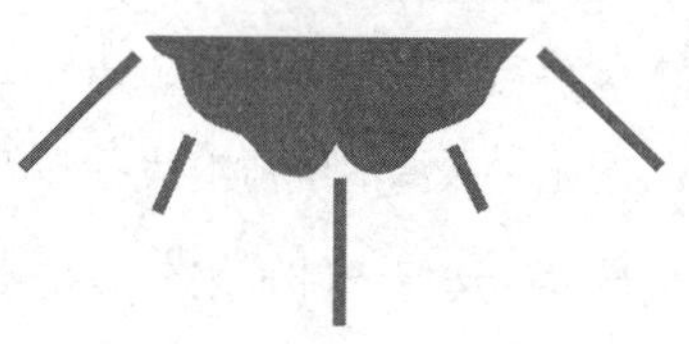

小水滴的旅程

在山顶上，气温下降了。雾凝结成雨，变成雪堆积在山顶，笼罩在短暂冬日的阴影之下。5个月以来虽然不是每天都下雪，但大多数日子都在下雪，积雪堆积成了一个很深的冰库。地球继续绕着太阳转，白天变长了，阴影消失了，冰雪开始融化了。

冰雪融化始于涓涓细流。一条刚形成的溪流从山上奔流而下；溪流蜿蜒而行，汇集在石头上，一直流到石头周围，或者让石头屈服于溪流的压力。太阳下山时，涓涓细流汇成一条小溪甚至河湾。当水流遇到悬崖时，会从悬崖的边缘俯冲下来，落在地上，渗入地下。

然后，白天又变短了，阴影又回来了，气温下降了，薄雾变成了雨，然后是雪。这个循环每年都继续着，地球围绕太阳转的每一圈，每一次变暖和变冷的振荡，都带来了另一股水流，然后变成一条河流。当河水从山上倾泻而下时，山谷变成了湖泊，直到河水溢出边界：先是缓缓流淌的细流，然后是奔腾的洪流。随着地心引力的诱人召唤，河水一直往下流，流进了咸咸的大海。

河流的作用溶解了土壤和岩石，传送了营养物质和矿物质，并在滋养海洋这一生命引擎的过程中留下了沙质海岸。

这条河在晚春奔流不息，在秋天平静地流淌。季节的周期性，行星围绕其恒星的每一圈，每一次的积雪和融化，都会增添河流的深度，直到最初的细流改变了地貌，变成了峡谷。

行星反击河流，推来推去，任意摆布。大陆板块在这里汇合，在那里分叉，推起形成水坝的山脊，使河流改道，赋予其更大的结构，把它拉进了蛇形弯道。

现在，随着成熟的河流流经成熟的峡谷，每一滴融化的雪的命运已定。在第一股细流流动的日子里，每一滴新融化的水滴在遇到卵石或树根时都可能会发生不同的变化。最初的水滴可以尝试任何方向去大海，但现在这些水滴只知道一条路。你从河上看，没有一滴新的水滴能越过下一个转弯，更不用说越过峡谷壁了。但这并不重要，因为它们知道要去哪里，以及如何到达那里。

创造力获取：来源于清除障碍的河流分析力

就像支流汇入河流一样，分析力结合了紧密相关的概念。“河流的分析力”把这片土地刻成了地形优越的峡谷，还可以扫除任何挑战。

若要创造，你必须爬出河流，爬上峡谷壁，爬到山顶。在那里，你可以放眼世界，把完全不同的概念连接成全新的解决方案。感觉真棒!

当你分析一个难题时，你必须注意许多不同的部分。我们很擅长同时专注于几件事，把它们翻来覆去，混在一起，摇晃和搅拌，但我们一次只能意识到这么多。那么，当挑战伴随着太多的碎片而来，无法同时融入我们有意识的费曼脑时，我们该怎么做呢？好吧，我们使用工具。这就是本章要讲的内容：分析力工具。

当一个难题出现时，它有不可思议的部分，要么是因为这样的部分太多，要么是因为这些部分根本无法想象，于是，我们把分析力工具与隐藏的、丰富的创造力工具结合起来。

刚刚反复思考并搞懂了理智和直觉的人，很容易上钩，认为理智与分析力有关，而直觉与创造力有关。两者有相似之处，但都不够直接，我们不能做出如此简单的类比。创造力常常让人觉得它是不知从哪里冒出来的，就像直觉来自后天习得的智慧一样，创造力来自勤奋的分析工作。

引导创造力的灵感不是一件事，这更像是一个设定，比如说，一个房间的温度。如果说有什么东西像沉思，那就是启动效应。天使飞了进来，把恒温器调到最佳温度，然后把你的自下而上的无意识思维的并行处理器和自上而下的有意识思维的意识结合成一个连贯的创造力工具，这是一个由多重工具组成的工具。

4 个思维工具：保证有效的分析力和真正的创造力

在第一章中，我们摒弃了将分析力和创造力作为独立的左脑和右脑思维过程的神话。如果没有右脑对结果提供语境、解决方案和判断，左脑就会永远瞎忙活。右脑可以探测到难题中不同部分之间的关系，但却无法将它们组合在一起。分析力的有条理和单调乏味的本质，补充了创造力将广泛分离的概念联系起来的技巧。当两者结合在一起的时候，它们会把不同的想法整合到新的概念中——实现创造力的承诺。

真正的创造力和有效的分析力需要两手准备。

即便如此，无论我们做什么或我们是谁，都受到大脑回路的限制，但可塑性让我们能够使大脑回路适应各种各样的任务。例如，当我们把用来处理语法规则的语言中心的大脑回路和我们在空间中定位的能力结合起来时，瞧，我们搞懂了代数和几何。我们距离理解可塑性的极限还有很长的路要走。当我们让不同的处理中心适应新的任务时，我们的新能力可能会限制我们的旧能力。也许我的代数能力降低了我的语法能力。

（1）捆绑思维

星期一的早晨，你走在上班的路上，挤在人群中，希望别人不要挡着你的路，这时，有一样东西吸引了你的目光：一丛玫瑰。你的脑海中浮现了这样的一句话："停下来，闻一闻玫瑰的花香。"你从星期一早晨的内心骚动中拔了出来，鼓起足够的勇气，停下来，闻一闻玫瑰的芬芳，只为满足你的"佛系"心态。

好吧，请稍等。刚刚发生了很多事情：当你走路的时候，你的前脑预先为你工作时要处理的所有垃圾感到紧张；你想到你的老板，她一直在抱怨的一些事情浮出水面；还有高效能人士的七个习惯之一——"磨刀不误砍柴工"的愚蠢想法，这个想法让你的"商业套路"处理器兴奋不已，它们四处搜寻，发现了成千上万种联系。如果你没有在那一刻经过修剪整齐的玫瑰丛，也许你会意识到一些其他的套路，也许不会。但是，就像宾果游戏厅里的园丁一样，一个念头打断了你和星期一早上的焦虑感的愉快较量："玫瑰！宾果！

最好停下来，闻一闻花香吧。”

单个神经元所能做的就是沿轴突释放动作电位或从其他神经元获取动作电位。传输的峰值数量取决于传输神经元的热情。复杂的关联到底是怎么“浮现在头脑中的”？你的湿件是如何将套路、玫瑰花语、约会以及所有其他的东西整合在一起，而又独立于你的掌控之中的？你如何在需要的时候把它们整合在一起？

答案始于此：“嗯，大约有 1000 亿个神经元，每个神经元平均有 1 万个突触，所以至少有无数种可能的关联。”这是科学扯淡，因为“它很复杂，但有很多活跃的部分，所以才会这样，尽管不是这样，我也可以解释”，因此问题就来了。

你停在玫瑰丛旁，欣赏着粉红色花朵的美丽。然后，你伸手去摘一朵花。

好的，就在那儿别动。注意到你已经将颜色与形状、质地和香味预期联系起来了吗？这就是捆绑思维。并不是颜色、形状或质地让你想起了香味，而是一种联系。如果花瓣是棕色的，你会想到与粉红色花瓣不同的香味；如果花瓣是黄色的，你会想到另一种不同的香味。

你小心地触摸着花茎，以免被刺到。

“芬芳玫瑰”模式将风景、香味和对触觉愉悦、不悦的预期结合在一起，所有这些都被成功商业实践的高阶概念所激活，触发了“停下来，闻一闻玫瑰的花香”的套路。

当你摘下玫瑰时，你的身体前倾，吸入令人愉悦的香味。

还有更多的捆绑思维，所有这些概念合在一起，你的整个生命都知道该做什么。然后，当你走开的时候，你开始哼唱毒药乐队（Poison）

的《每朵玫瑰都有刺》（*Every Rose Has Its Thorn*），认为你的老板可能是一根刺，但工资是按时发放的，茶水间还有一台很好的咖啡机。在几个无聊的会议之后，你将有机会深入研究一个对你有挑战和吸引力的项目。现在你的"佛系"心态向你的海马体发出一个信息："看到了吗？难道你不高兴停下来欣赏宇宙的一小部分吗？你现在感觉好多了，是吗？为什么呢？因为我。没错，我得分了，先攒下来吧。"希望你的"佛系"自恋的声音保持在你的意识沸点之下。

6 天后，你决定在花园里种玫瑰，却不记得为什么。

捆绑思维是粗糙的。

（2）简化思维

简化论的名声不好，因为它看起来有点愚蠢。为什么你要把一个庞大的、复杂的、相互关联的系统分解成几个部分，而不是试图立刻欣赏整件事呢？因为我们有点傻。

为了方便掌握多个概念，我们必须付出注意力。"付出"这个词表示某物的价值，"注意力"表示让意图、兴趣、动机和本能起作用。因为专注于一个特定的核心思想只能维持半秒钟左右，而且你一次只能执行一个操作，所以，当你试图理解复杂的情况时，你应该减压放松自己。

若要理解一个复杂的东西，我们必须把它分解成许多碎片。然后，如果我们能理解这些碎片，就有机会理解整体。

让我们从简单的东西中创造出不可思议的东西吧。

伸出一个手指，任何手指都可以。好吧，即便是那个手指，我也没生气。

那个手指是一维的；现在伸出你的拇指。你的手指和拇指之间的空间，不要高了或低了，只是在中间，定义了两个空间维度，这是一个表面。伸出那根手指和拇指，把其他手指弯曲放在手掌上。它们在第三个空间维度里。前后、左右、上下：三维。

你可以画任何一维物体。你就像一维艺术的画家雷诺阿 (Renoir) 一样。我也是。查看我的一维图（图 13）。一个空间维度是一条线，它不一定是直线，但不能有任何宽度或厚度，只能有长度。在一维空间里画画或思考太容易了，根本不值得费这个劲。

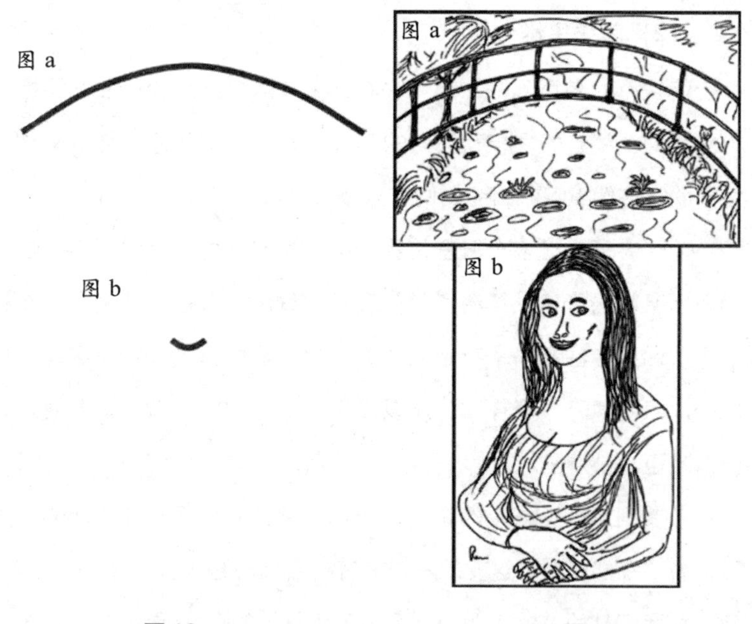

图 13

图 a 池塘里有睡莲，池塘上有一座桥（莫奈不知道一维空间的我）

图 b 蒙娜丽莎

图 14

图 a 池塘里有睡莲，池塘上有一座桥（莫奈知道二维空间的我）

图 b 蒙娜丽莎

我在二维空间中再试一次（图 14），推进整个复杂的秩序。虽然我的一维艺术是完美无缺的，但我的二维艺术是有缺陷的。然而，即使是绘画大师，他们也是一笔一画地作画。我们设想伟大的作品都具有多维的伟大之处，但是，当我们把它们放在一起时，无论实际行动还是概念行为，我们一次只做一件事。

我可以在三维空间中画一些东西。物理学家的训练，包括很多计算都涉及旋转陀螺（图 15）。当然，在二维纸上描绘三维空间是困难的，但是，从三维岩石中雕刻出某种东西会更难——即使一次只做一个芯片也不行。

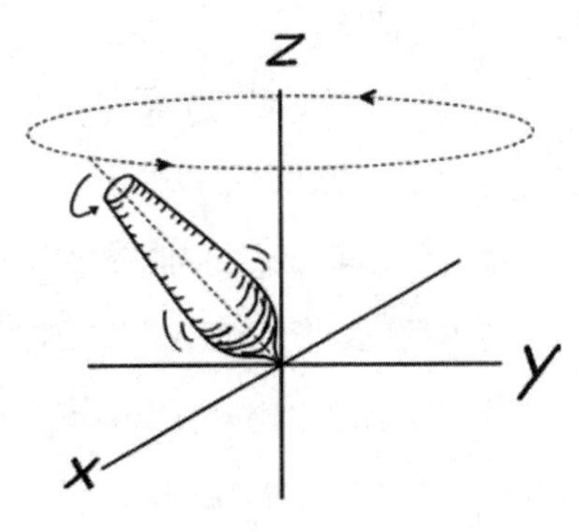

图 15

三维空间里的旋转陀螺，包括一个坐标系，因为我喜欢用坐标系来表示

这种愚蠢行为的意义在于传达一种信息，即不可思议的事情是可以设想的，而这种简化是有帮助的。从一维到二维再到三维是很困难的，而在四维中形象化某物是不可能的。是的，我敢打赌。

在三维绘画中，我画出了一维的一条线、二维的两条垂线、三维的三条垂线；但第四个空间维度需要一条垂直于三个轴的新直线。我们生活在一个三维的世界里，没有地方放第四条垂线，因为我们已经用完了所有可能的垂直度。

假设在一个阳光明媚的日子里，你在城里散步，看起来气色很好。你在人行道上看到了自己的影子，这是你的三维自我投射出了二维影子，你可以通过旋转和从不同角度观察你的影子来重建你的三维形状。同样，我们可以想象一个四维物体如何投射出一个三维影子，但是，我不能通过观察一堆三维影子来想象一个四维形状，你也不能。

我们的思维陷入了死胡同。从字面上讲，四个空间维度超出了我们的能力范围。

试着什么都不想；不留白，什么也没有。没有东西就是没有维度的地方，没有地方可以伸出手指或想象线条；什么都没有，甚至没有时间和空间。要是你能描绘出四维空间就给我打电话。

写下“什么也没有”或“四维空间”并谈论它们，这很简单，但是，当涉及试图描绘它们或对它们产生一种感觉时，就太难了。我们没有处理这类信息所需的湿件。

另一方面，在四维、五维，甚至无限维中做数学运算也没有比在三维中难多少。

将系统简化为最简单的组件，就有可能计算出它们——它们如何运作，它们适合哪里，它们做什么——即使我们不能用大脑来理解整个概念也无妨。一开始毫无头绪，当我们将系统简化为组件，重新构建它，然后理解整个过程时，奇迹就发生了。

人类被赋予了学习各种技能的能力，但这些技能离穴居人生存所需的距离越远，他们就越难获得。我们需要思维工具。

（3）语言化思维

语言开始于渴望被表达的思想。文字以声音的形式出现，然后声音被映射成符号，文字就诞生了。显然，声音并不急于被转录，因为文字至少在出现声音几十万年后才出现。

语言有结构。这些结构在不同的文化中是不同的，有些井然有序，有些则相当混乱。所有的口语都使用音调变化和音高来强调。声调语言（tonal languages），包括许多非洲和亚洲语言，比如中国普通话，通过使用声调来实现语法规则。不同的语言对语法使用不同的规则和声调组合。在这个范围的一端，如果你愿意将软件编程语言看作像 Python 或 C 这样的语言，那么，声调根本就没有任何作用。西西里风格（Sicilian-style）的意大利语更接近中间，它有语法规则，但手势和语调会改变意思。

在每一种情况下，名词、动词、形容词等结合起来组成一个结构，但是，完美的句子可以组成没有意义的句子。我用一个随机数生成器和一本字典组成了下面这个句子，要求它遵循英语结构：名词—动词—形容词—名词。

“Hypocrisy chokes boding trailblazers.”（意为：伪善抑制了预兆的开拓者。）

你可以从这个句子中挖掘出意义，有两个原因：首先，你喜欢探测模式，如果你足够努力，你会发现各种模式，不管它们是否存在。其次，你喜欢寻找隐喻——你是隐喻搜寻者。

想一想那句话是什么意思。

明白了吗？好吧，轮到我了。开拓者不会跟随别人的脚步，他们开辟自己的道路。一个有预兆的开拓者必须是一个正在接近某个真相的人，但是，一个虚伪的开拓者声称，他开辟了自己的道路，而实际上却踏着别人的老路。正因为如此，伪善才会让一个想要成为开拓者的天才错失良机。换句话说，我的模式探测器在随机的句子中发现了这个意思：傲慢的人一旦相信自己无所不知，就会背叛自己的伪善。我敢打赌，你的理解一定与我不同。

单词和语法由单独的处理器进行加工。单词在布鲁卡语言区（Broca’s area）聚集，布鲁卡语言区就是你的左耳前方大约 4 英寸（9~10 厘米）处。而威尔尼克语言区（Wernicke’s area）在你的左耳后面和上方，负责应用语法规则。表达意义不需要语法规则的帮助，语法规则却帮忙了。在这个展现逗号重要性的经典示例中，你可以看到句法的价值：“让我们吃奶奶吧！”和“我们一起吃吧，奶奶！”不过，如果我们围坐在桌子旁，而我忘了在逗号前停顿，我怀疑你会不会“用叉子叉住奶奶”。

我们向他人传达意义的方式，模仿了我们向自己传达意义的方式。语言提供了一种思维工具，它超越了最基本的联想，把我们带到更高层次的思维，从关联感官到关联思想，再到抽象思想，如此类推，直到你陷入哲学危机。

你一直把事物抽象化，把一个想法从它产生的情境中移除，还删掉它的上下文。抽象化是一个左脑思维过程，而右脑依附于环境并监控其连贯性，但它也非常乐意找到一个新的环境；因此，抽象允许我们将一个概念应用于不同的情境。

想法抽象化的能力会变身野兽，而语言会把现实抽象化，变成文字。

（4）数学化思维

一旦页面上有了字符，标点符号就一定会跟着出现。你可以想象那个画面，对吧？每个群体中都有这样的笨蛋：他需要规则，他必须维持秩序，他渴望权威以句号、逗号和问号形式出现。他的名字是冒号“：”，但所有的工作都是它的孩子分号“；”完成的。

如果我们坚持绝对的句法连贯性，并使用这种句法的规则来操作类似单词的东西，那就会发明数学。

正如字母是声音的抽象符号一样，数字也是数量的抽象符号。关于数字，有一件有趣的事情：每一种文化都有一个书面字母表，以一种表明其价值的方式转录前三个数字。第一个是单个的标记；第二个是两条水平线，由一条线连接起来，就好像我在画完第一条线之后懒得拿起笔一样；第三个是三条水平线，也是懒得提起笔的样子；但是，第四个——那是什么鬼东西？罗马语也是如此：I，Ⅱ，Ⅲ，IV。学习数字的时候，你还不如按规则掌握它们。

我们是人，我们需要工具来完成事情。我们越进步，我们的工具就越不像锤子和螺丝刀，它们看起来就越像什么也不是，嘿嘿。软件本质上什么也不是：只是输入计算机的电压和电流符号，由先前提供给计算机的其他符号产生的电压和电流转换而成。它是比特与字节，开关和闸门，如此类推。

数学提供了一套规则和操作符号的许多不同方法。运算法则是核心，但是操作列表会一直延续下去。数字是抽象的一个层次。操作是语法的抽象，所以，它是抽象的抽象。

数学允许我们从一组陈述开始，也就是假设，然后将这些陈述组合起来，重新排序，重组，反复推敲，并把它们变成新事物。这个新事物建立在你开始时的假设之上。当你擅长数学的时候，就像做香肠一样：你从一些食材开始（对于数学来说，食材就是假设），你转动数学曲柄，就会得到完全基于这些食材或假设的预测。如果你的假设是正确的，预测也一定是准确的。然而，更有趣的是相反的情况（如果你愿意，这是推论的结果）。如果你检测了自己的预测，结果是错的，那么，至少你开始做的一件事，也就是你的食材，肯定也是错的。

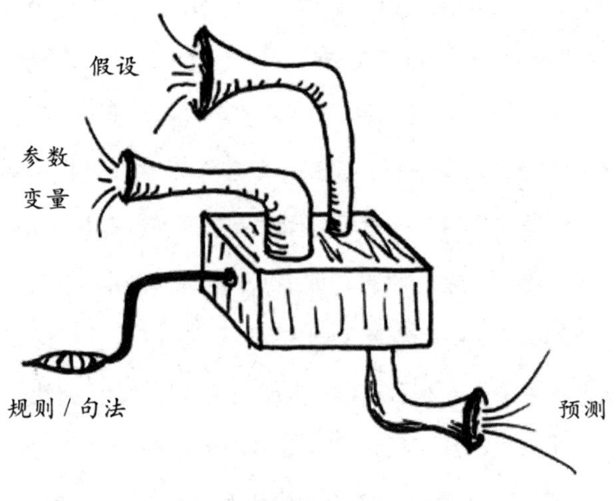

图 16　数学曲柄

在过去的 150 年里，大多数科学技术的进步都起源于数学或计算分析，原因是，这些工具将人类大脑从意识中同时持有许多不同事实、概念和假设的不可能的任务中解放出来。数学提供了循序渐进的方法，让我们一次只处理一件事——我们真正擅长的事情，同时要确保谈话中没有任何东西被忽略或遗忘。

好吧，我能听到你说：“哇，伙计。对大多数人来说，数学是很难的，因为你必须把所有的运算和规则同时记在脑子里。”

那么，我会说：“当然，但是一旦你捕捉到符号处理的氛围，你就不必意识到这部分的过程，就像约翰尼可以不考虑音符就能演奏音乐一样，你可以不考虑语法就能说话。”通过一次专注来组装一个复杂的系统，这可能不是人们能够理解巨大、混乱、不可能整体（全面或完形）理解的系统的唯一方法，比如，气候、流体流动、恒星运转、宇宙大爆炸或税务表格，但草稿纸是所有记录技术中最好的。

没有草稿纸，我们什么也做不成。记住，草稿纸。

寻找丢失的碎片：让更多的想法“沸腾”起来

在本节内容的开篇，我们先从分析力和创造力的交叉点上举个例子。然后我们会跟着气味走，试着找出促成伟大创造的原因。

科学家和数学家在试图理解某物如何运作、它要走向哪里、它会发生什么（这里的“它”也许是一个原子、一个大脑、一种经济、一杯苏格兰威士忌中飘浮的一片橡树叶，但不会是一段俗艳的恋情）的时候，他们将系统各部分之间的关系组合起来，然后试图确定控制各部分如何组合的基本原则。这个过程相当于在所谓的“微分方程”（differential equations，简称 DEs）的数学句子中写下各分量之间的关系——句子的意义在于，符号是单词的抽象，关系是语法的抽象。埃尔温·薛定谔（Erwin Schrodinger）用这种分析方法创造了量子力学（quantum mechanics）。

好吧，也许你们从没听说过微分方程，也许你被告知这门课上不会有数学，但我有一个非常重要的观点，微分方程缩写成 DEs 是一个完美的例子（是的，和其他人一样，数学家喜欢用缩写来确保没有人知道他们在说什么，就好像写全 differential equations 会泄露机密一样）。

解微分方程就等于找到一个共同的主题，即系统的轨迹，也就是对系统如何在时间和空间中描述行为的单一预测描述。微分方程的问题在于，它们是出了名的难解，因为没有循序渐进的方法，只有几个简单的类别可以通过转动曲柄来解决，因此大多数分析都需要纯粹和原始的创造力。

我敢打赌你们一定上过这样的课：老师在课堂上举了一个例子，你遵循了这个例子，但它仍然不能帮你解决这个问题："你要怎么做？"

好为人师的教授先生说："你只需要不断尝试不同的东西，有时你得从帽子里变出兔子[①]，直到你找到有用的东西。"

在这种情况下，尝试一些东西就像是在菜谱中尝试不同的食材一样。如果味道好，就管用；如果解出了微分方程，就管用。你怎么找到答案并不重要，实践会告诉你，什么事情会发生在一起，到哪里去找惊人之举。

但是，如果你有一个根本不给力的食谱呢？这是与科学发现擦边球的情况：一个尚未定义的已知情况。广义相对论和量子力学在这一点上停留了近一个世纪。这两种理论都建立在大量的实证基础

①译者注：比喻惊人之举。

之上，但是，当你把两者结合起来时，就行不通了。我说的“行不通”，字面上的意思是：把爱因斯坦对牛顿引力理论的修正应用到量子力学中是行不通的，你会得到荒谬的预测。

尝试不同的东西意味着让更多的想法“沸腾”起来。随着新想法的出现，你的自上而下的有意识思维会向无意识思维的并行处理器发送指令，告诉它们应该寻找什么。尝试不同的东西会让你的右脑看得更远更广，形象地说，就是看到一些不在你眼前的东西，而你的左脑正专注于此，尝试不同的情境、不同的场景，并从不同的地方挑出一些记忆碎片，进行横向思维（lateral thoughts）。

我们在哪里找到丢失的碎片呢？

创意的灵丹妙药，将一系列事实联系起来的一致概念，情节中缺失的碎片，连接旋律和歌词的即兴表演，为诗歌传达正确感觉的韵律，阐释横向思维的完美比喻……这些都从何而来？

有时我们在某个地方找到了我们要的东西，也就是说，通过分析——一个人集中精力、耗尽力气地用脑袋撞击一堆思想，希望找到拼图中缺失的碎片。这种“撞头式”分析的问题在于，将数据输入同一组邻近的大脑回路，通常会导致反复出现相同或类似的结果，而真正的洞察力通常发生在我们逃避问题、洗澡、穿过森林，甚至坐在酒吧的时候。

就像河流在峡谷中开辟出通向大海的道路一样，我们在小径、支流、小溪和小湾中寻找新的想法，我们也曾经在那些地方找到过旧的想法。一开始只是涓涓细流，现在已经形成了一道沟壑，当然是有效的沟壑。但是，当我们走上自己的道路时，必须攀登峡谷壁，望穿地平线，寻找一条更好的途径，即一个新的想法。

当你从一个问题中走出来，做其他事情的时候，细节和数据从你的意识中解放出来，但它们不会消失。你的自下而上的无意识思维的并行处理器将继续关注任务，并在不受自上而下的有意识思维的独裁者干扰的情况下继续工作。你右脑中的情境搜寻器会提出越来越不同、越来越奇怪、越来越宽泛的情境，任何东西都可以把这些碎片串在一起，因为大脑左右半球中那些不那么复杂、不那么确定、不那么关键、不那么昂贵的无意识处理器，会带来广泛的关联。你投射了一个更宽的神经网络，它访问的模式远远超出了意识分析的狭窄焦点，偏离了迄今为止完全被打破的路径。

大脑的左右半球由近 2 亿个轴突连接在一起，这些轴突被称为胼胝体，这是位于左右半脑交界处的一层致密的脑白质。轴突串联从一个大脑半球的各个精英锥体神经元（pyramidal neurons）穿过这个拥挤的交叉路口，然后穿过分水岭，散开来连接另一个大脑半球的各个部分。胼胝体是终极的联结网络，也是自下而上的无意识思维“沸腾”的燃烧器。

随着处理器在你的左右大脑中不停地运转，它们孕育了思想的萌芽、各种小主意，跨越了鸿沟，将细节组合关联起来，然后，当你的自下而上的无意识思维的“傻瓜处理器”偶然发现了一两块可以填补空缺的碎片——统一的概念，把一切都联系在一起的理想比喻——于是，你提心吊胆地说出那两个最令人满意却毫无意义的字眼：啊哈！

（1）联觉

我们的大脑通过一系列处理器的相互作用来创造我们的世界，这些处理器学会了将感官输入与预期的模式联系起来。这些处理结构涵盖了从现成的、预先加载的本能公式（比如，分辨玫瑰的香味和垃圾的臭味），到我们通过调整现有结构（比如，学习微积分）、从零开始构建的运算法则。就像你们学习语言的能力一样，“洗衣免烫”的过程介于本能和“从零开始学做饭”的极端之间。

识别优质啤酒标签的神经回路必须与你脑后的视觉数据处理器相连。当然，标签标识符中的轴突可以连接到你的视觉处理器，无论它们的位置有多远都无妨，但效率更喜欢让相关的工具彼此靠近。

关于提前参数化的运算法则，不同的人有着不同食材的食谱吗？我们是否应该期望每个人从母胎里出来时都有着相同的本能？当然不是！我们都不一样（共性除外）。

第四章中已经介绍过“联觉”，它是指感官之间的串扰所表现出来的紊乱。联觉将数字视为颜色，将声音视为味道，将形状视为气味，等等。它的假设原因是不完全的神经修剪。也就是说，当婴儿的大脑获得解读不同感官的经验时，他们会修剪掉那些不能帮助定义外部世界的多余连接。成人的联觉在他们的一生中保留了一些交叉连接。

拥有交叉连接的大脑在做出惊人之举方面会不会有优势呢？

许多成功的艺术家、作家和音乐家是联觉的。这种串扰能让他们的大脑连接不同的概念，想出更多的妙语和隐喻吗？还是说，在那些更注重分析力的领域里，联觉处于劣势，而正是这种劣势促使它们转向艺术、文学和音乐呢？或者，学习艺术家、作家和音乐家的技能会促进联觉轴突的生长吗？

联觉的交叉连接会鼓励大脑想出更好但不是更多的横向的右脑想法吗？由于价值是主观的，我们需要对“更好”这个词多加小心。在科学领域，“更好”应该意味着更准确；在工程领域，“更好”应该意味着更大的功能；但在艺术领域，“更好”则意味着更多的人喜欢它，它取悦评论家，或者更重要的是，你喜欢它。

我还没有看到任何数据表明，联觉往往倾向于伟大的数学家或软件黑客，但我怀疑，科学家、工程师和技术人员中联觉的相对人群与一般人群是一致的。原因是：假设联觉的确在将概念与处理中心紧密联系起来方面具有优势。它们在大脑中紧密地联系在一起，使每个人都能更容易地理解概念。它们越容易相处，就会产生越多的共鸣。

当科学家们需要从帽子里变出兔子时，这只兔子在完成既定任务时的价值与同理心几乎没有关系。它需要新意，但它并不新颖，有人已经尝试过了，但它不需要以一种主观愉悦的方式将事物联系在一起。它只需奏效。它是否有效，无需询问评论者就能得到验证。

（2）神经共振、连贯性和心流

共振是当事物完美匹配时，你得到的感觉的物理表现。还记得布奇吗，那个胳膊粗大的穴居人？如果他以合适的速度和角度扔石头，让它进入轨道——一个美好稳定的轨道，就像月亮绕着地球转，地球绕着太阳转的永恒轨道，那么，布奇的石头就会与地球共振。这样的微调和推着孩子荡秋千、你和我唱同一个音符，就是时间共振（timing resonance）。单独的神经回路结合成创造性思维，表现出一种共振，这是一种识别关系的同步的多米诺骨牌效应。

让我们回顾一下捆绑问题。当你想到某件事时，你就把它组装到你的工作内存中。我们能够同时在工作内存中保存 4~10 个不同的想法，这就是为什么我在家里的每个房间都有白色书写板，而且我总是随身携带笔记本。

你将不同的思想（想法、感知、感官输入等）结合成连贯的概念的能力，需要定时协调神经回路进行捆绑。将想法保存在工作内存中，并将它们相互折叠以创造出新的东西，这也需要连贯性。

连贯性衡量的是一个整体的各个部分之间的联系程度，以及它们在一般意义上，而不仅仅是旋律意义上的协调程度。

想一想海浪拍打沙滩的情景。完美连贯的海浪就是完美起伏的海水完美平行地直击海滩的景象。海浪会永远单调而有规律地拍打着海滩，只有当海浪以某种方式相互关联时，它们才会表现得如此单调，而海浪的连贯和关联都起源于风吹的效果。

风的变化和海滩形状的不规则打破了波浪之间的关系，限制了它们的连贯性。一个系统的连贯时间，是指在失去一组相关现象之间的相互关系（同步性）之前，这些现象能够持续多久。

在你的前脑中有连贯性的概念，我敢说与共振的概念紧密相连。想象一组神经元将动作电位传递给其他神经元的画面吧，一些神经元没有反应，因为它们接收到的动作峰值的总和不够高，不足以使它们参与进来，但另一些神经元的反应是将自己的动作电位和其他神经元一起激发起来。

捆绑问题归结为所有这些动作电位之间的连贯性；捆绑越强，连贯时间越长。共振越协调，多米诺骨牌倒下越多，触发它们的模式激发更多模式的程度就越大。

这个“区域”是另一种共振，一种与你正在做的事情保持协调的状态。你内心的风会逐渐消失；你思想的连贯时间会延长；你会发现，把更多的概念组合起来，并毫不费力地付诸行动，这样会更容易。

心理学教授米哈里•奇克森特米哈伊（Mihaly Csikszentmihalyi）称这个“区域”的状态为“心流”（是的，这位教授的名字有点拗口，你可以试试这么发音：七颗—生米—嗨）。这里有更多关于心流的描述：强烈的参与；参与到手头的任务中去，那是如此的紧张，以至于世界上其他地方好像都消失不见了；在挑战和技能之间达到你能力的极限；那种想要放声大笑或放声大哭，却又不知道是该笑还是该哭的感觉。把你的舒适区想象成一把椅子，当你体验心流的时候，你就在这把椅子的边缘，就在做你擅长的事情的边缘，它会挑战你的能力极限，就在这个极限范围内刚刚好。

心流是一种共振的连贯的状态。

（3）空间共振

所有在铁轨附近练习的时间让约翰尼感到孤独，所以，他把吉他留在树下，然后去了城里。他走进一家酒吧，那是他经常演奏的地方，调酒师认出了他。他要了一杯 IPA（啤酒），并和调酒师聊天。然后，他看到有人走了进来。

一觉醒来看到彩虹后，斯黛拉在一阵创作的喜悦中度过了这一天，她深受鼓舞，创作了十几首诗。第一首诗，当然是关于彩虹的诗歌，写得太快了，她一口气写了一首又一首，直到几分钟前，她出去散步，决定到当地的酒吧去喝一杯。现在，她坐在了一个和她年龄相仿的男人旁边的一只高脚凳上。

约翰尼和斯黛拉从未见过面。

斯黛拉欣赏他艺术气质的外表、紫色佩斯利印花衬衫、长长的卷发和破旧的靴子。她甚至注意到他长长的手指，以及他举起杯子、把头发塞进耳朵后面的一举一动。他的手指灵活得就像精密仪器一样。

当斯黛拉坐在约翰尼旁边时，他激动得差点儿窒息。在某种程度上，她的美丽锁定了他的喜好，那不是好莱坞或纽约市的美丽，而是能干实用的美丽。他想到了“出现”这个词，仿佛她的出现本身就是美丽的。她看着他，他把头发往后拨了拨，但想不出说什么。

她叹了口气。

他觉得他必须说话，否则就可能永远失去这个机会。

“嗯嗯，你怎么样？”他刚说完，就想踢自己一脚。只有失败者才会问你怎么样！

“哦，不多。”她应道。

“天哪，”他心想，“她根本没在听我说话。”

然后，她笑了，她的笑声如摇铃般悦耳。

“对不起，”她说，“我是说一切都很顺利！你怎么样呢？”

他说：“很好！”然后停顿了一下。他问她是否住在附近，她给了一个含糊的肯定答复。然后，又是一阵冷场。他感到她对他失去了兴趣，但又想不出说什么。要是带着吉他就好了，他可以弹吉他代替说话。

斯黛拉的内心在微笑。这一天还能变得更好吗？这个男人被迷住了，几乎说不出话来。她又让他胡言乱语了几句毫无意义的俏皮话，然后她又替他救场："你的手很漂亮，你是艺术家吗？"

约翰尼的拇指在左手指尖的老茧上蹭来蹭去，扭捏地答道："我是弹吉他的。"

斯黛拉说："我是写诗的。"

"你把自己的诗谱成曲了吗？"

"没有，每次我想到一种旋律，原来都是查克·贝瑞（Chuck Berry）已经演奏过的。"

他们一起大笑，现在，他们在共同语言的基础上找到了属于他俩的区域。总有一天，他们会一起创造美妙的音乐，或者其他一些套路。我为自己老用"套路"而道歉。

口语和意义的结合，即语言，提供了一个简单的空间共振的例子。

当斯黛拉说话时，她的大脑中点亮了一个巨大的网络。她试图传达的思想在她前额后面的额叶皮质中形成，连接思想的萌芽和建立在其上的记忆的大脑回路就像日落时的街灯一样亮起来。

她想向约翰尼倾诉那个特别的早晨的故事。她想象着彩虹和圆圈，以及写诗的感觉：她的视觉皮层调出了彩虹图像；她的顶叶皮层，也就是她大脑的中心和顶部的区域，将这些图像定位在空间中；她的单词形成于左太阳穴后面的布鲁卡语言区，她在左耳上方头部中央的威尔尼克语言区把单词拼成了正确的句子；这个序列连接到她的运动皮层，协调从胸部到喉咙的肌肉；她通过声带，吹出了自己内心的吉他弦；当她听到自己说话时，另一个大脑回路亮了起来，连接着她的耳朵，她倾听，她解释，并把她的话和他的回答联系起来。

描绘斯黛拉的谈话运作图是为了显示大脑中有多少独立的区域必须协同工作，也就是说，有多少回路必须以一致的方式产生共振，然后她才有机会与约翰尼继续发展。

（4）释放自我

在第四章中，我们讨论了艾伦•斯奈德在提高测试对象创造力方面的工作。通过抑制左脑某些区域神经元的抑制特性，创造力似乎得到了增强。

这在横向思维的语境中很有意义。

当分析一个问题，真正深入研究并试图确定到一大堆细节的底层连接时，我们的自下而上的无意识思维的并行处理器会争夺注意力。那些在过去经历过最大成功的处理器自然具有优势，它们的声音更大，能够压制历史上不太成功的区域，但过去的表现并不能保证未来的结果，尤其是当你在做一些你以前从未做过的事情的时候。

我们已经看到第一印象是如何不成比例地影响我们的神经回路的。第一场融雪勾勒出了后来形成峡谷的河流路径，当你做一件从未有人做过的事情时，你必须制订自己的路线。你必须尝试不同的新事物。

迈尔斯•迪伦曾经说过：“使复杂的系统让人无法理解的是它们的复杂性。”

创造力的新奇程度要求我们接受自己所能想到的最疯狂的想法。就像中世纪的国王努力解决干旱问题一样，我们需要宫廷里的那些傻瓜，他们能提出一些建议，比如，进口海狸来建造水坝。

创造力需要洞察力，当我们的背景，也就是自下而上的无意识思维的处理器提出我们之前没有考虑过的解决方案时，洞察力就产生了。我们减少了压制来自某些来源的信息的倾向，从而培养了自己的天赋。

跳出舒适区：创造者利用工具并向上攀爬

牛津大学（University of Oxford）神经科学教授苏珊•格林菲尔德（Susan Greenfield）坚持认为，某东西要想被认为具有创造性，就必须有意义，它必须改变我们的视角，提供一种“把一件事看成另一件事”的方式。

伟大的绘画、音乐和文学都使我们以不同的方式看世界。小说家之间有一个古老的笑话：我们的工作就是让你夜不能寐，让你哭泣。当你透过艺术家的眼睛看世界的时候，眼泪和笑声就来了。

当你把手伸进帽子里，想变出兔子的时候，创造力就产生了。但是，在你能变出兔子之前，你必须先变出很多绒毛。大显身手吧！当还没有效果的时候，试试别的方法吧。接受失败，甚至预测和庆祝失败，可能是创造力的关键，但失败可能代价高昂。除了对失败的适应力，把这些加到你的创造力关键因素的清单中：尝试新事物的自由，好奇心，自信，接触尽可能多的想法，当然，还有天赋、技能和激情的结合体。

将一个概念从一个领域应用到另一个领域，需要横向思考。为了鼓励自己横向思考，我们必须让与手头任务无关的想法浮起来。我们抑制自己展望和预测未来的倾向，可以摒弃偏见，划分类别，并让自己接受新的模式。这有助于在投入和焦虑之间找到平衡，进入状态，伸伸懒腰，就钻到难题中去。当想法开始浮出水面时，就会有一些连贯共振的时段，最好的想法会在你的大脑中传播动作电位网络——从前脑到后脑，从左脑到右脑胼胝体，从上到下，从费曼脑到青蛙脑。

当你在荡秋千时，你凭直觉知道它的共振频率，你能感受到和谐。我可能听起来像一个新时代的水晶销售员，但是，当你找到共振时，你就明白了。当绝妙的想法浮出水面时，即便是错的，也会清晰响亮地冒出来。

我们使用自己的工具来建造东西。仅此而已。

米开朗基罗（Michelangelo）用来在大理石上雕刻大卫像的工具貌似与好为人师的教授先生解微分方程的工具不一样。对于仙女座上的硅基生物，诗人的工具与其说是雕刻家的，不如说是数学家的。但是，在每种情况下，创造者都有一个巨大的工具箱，就像我们做的其他事情一样，这些工具一开始是棍棒和石头，后来变得更精细，比如锤子和凿子，然后变得抽象，比如记号和软件。我们每个人都把工具组装起来，放在各种形式的草稿纸上，比如画布、键盘、大理石，还有我们很快就会看到的啤酒。

我们成为工具专家后，很快就会发现工具的局限性。约翰尼的吉他没有限制他，但他的娴熟度约束了他。每一段新的即兴表演都拓展了他的能力，他也在自己的专业知识的峡谷中越挖越深，越挖越复杂。我们的工具成为我们自身的延伸。说真的，许多实验都支持这样的观点：约翰尼的吉他将会像他的双手一样成为他身体的一部分。你知道这一点，因为你有自己的专长。对我来说，即使在弹了 30 年吉他之后，它仍然是一个陌生的东西，但我的笔、键盘和啤酒杯都是我自身的延伸。

我们在自己的专长中找到了舒适区，但最终一个挑战或愿望将把我们拉出舒适区，带出那个我们是专家的峡谷。然后，我们必须攀爬。

想象一下你正在爬出峡谷的情景。从沟壑看，你的挑战看起来像一个不可能的攀登；在这个过程中的某个时刻，挫败感不断累积；你远离舒适的河流，然后，你终于意识到自己有一个机会；你看到了山峰，当然，有冰川挡在路上，但风给人一种未经琢磨的潜力。当你到达山顶，回到比喻意义上的冰雪最初堆积的地方，回到你开始成为现在的你的地方，你会感到一种全新的感觉。风吹在你的头发上，太阳照在你的脸上，你能看到数英里之外的风光。

布奇看到一块圆盘状的石头，就想知道一块滚石是否可以用来运送他杀死的河马。当约翰尼厌倦了吉他，也许会尝试爵士乐。这时，凡妮莎看着那个穿着维尼衣服的孩子，怀疑自己的直觉。当托尼·麦基（Tony Magee）买了一套自酿酒装备，添加的啤酒花多于配方规定时，我们马上就去找托尼。

这不仅仅是因为所处的状态和体验的心流不太舒服——不可能既舒服又刺激。如果既舒服又刺激，自下而上的无意识思维的处理器就不会让你采取行动。若要横向思考，你必须站在一座比喻意义上的高山上，把你的旧工具带到一个新的山谷。我知道，这个比喻在这里有点站不住脚，但我想，我可以给它加油打气。

约翰尼的爵士创作的新颖性也许有价值，也许没有。布奇运送河马的四轮马车似乎是理所当然的事，但如果他违反了一项要求食物永远不要碰圆形东西的文化禁忌，该怎么办呢？如果斯黛拉的彩虹理论冒犯了爱尔兰人或者违反了一个更成熟的科学原则，该怎么办呢？

我们不能自己决定价值。如果没有人喜欢托尼·麦基自制的杀气腾腾的啤酒花，那就没有部落在他的啤酒厂露面。

第七章　独处和相聚

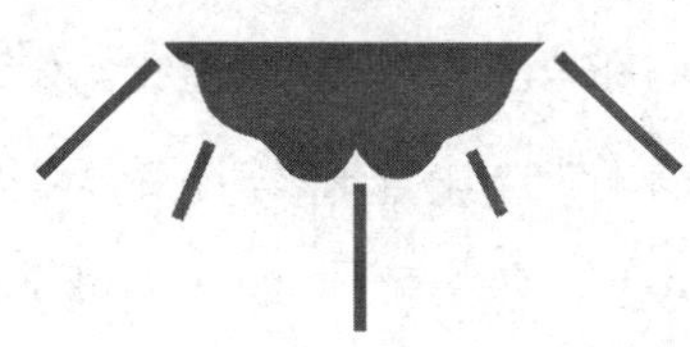

啤酒和音乐

托尼·麦基是一个讲故事的人。

他有一位高中老师，这位老师传达了一种可能性：一旦你开始工作，你所做的每件事都比看上去容易。故事是一个句子接一个句子讲出来的；音乐是一个音符接一个音符演奏出来的；酵母菌吃糖，酒精是一个分子接一个分子地排泄出来的。

托尼认为我们都是艺术家，他知道我们如何才能在世界上找到自己的位置：“如果你是一个音乐家，你要学习贝多芬（Beethoven）、勃拉姆斯（Brahms）、弗兰克·扎帕（Frank Zappa）的音乐，他们是地球上有史以来最优秀的作曲家。但你没有拿自己和任何现实的东西做比较，所以你的抱负是无限的。”

“然后，你开始创造，你试着把事情说出来，以一种诚实的方式说出来，而不是人们认为你应该做的或者你认为人们期望的那样。如此，你便找到了自己的声音。”

20 世纪 90 年代初，桌面出版（desktop publishing）[①]对托尼的

①桌面出版：通过电脑等电子手段进行排版、编辑、出版等工作。

印刷和设计业务造成了冲击。作为一个打破传统、工作狂式的完美主义者，这种平静可能会让他发疯。幸运的是，他的哥哥给了他一套自酿酒装备，于是他开始创业了。“我周围的人，包括我的妻子，都觉得这不是个好主意，但现在是她在经营这家工厂，所以，我想，我说服了她。”

他生产的第一瓶啤酒是早期版本的拉古尼塔斯狗镇淡色艾尔啤酒（Lagunitas Dogtown Pale Ale），尝起来像煤油和西兰花——我之所以知道这一点，是因为当前的狗镇淡啤的标签上就是这么写的。他嘲笑自己的那些不太成功的啤酒，然后喝酒，分享那些比较成功的啤酒，从中找到了慰藉和兴奋，也找到了创作的满足感和友情。

“起初我没有意识到这一点，但我开始像制作音乐一样酿酒。两者在本质上是一回事，材料中有主题，看你如何呈现它们。当主题在你的调色板上扩散开来，当它触及不同的味蕾时，你会得到下一组主题，你吞下它，你的鼻腔里就会有酒花的香味。就像一小段音乐。这就是音乐，这就是故事。用一种无言的语言讲述的故事，这就是使音乐如此卓越的原因。”托尼经常引用弗兰克·扎帕的话，扎帕指出了创造力的连续性：每一个音符，每一句歌词，每一个啤酒花、麦芽、酵母和水滴，每一个标签和啤酒垫，每一个啤酒商、装瓶商、分销商和啤酒饮用者，都是交响乐的一部分。

就像了解音乐一样，托尼必须了解自己的听众。如果他是创造者，那么，你和我就是旁观者。“部落是围绕大家都认同的故事建立起来的。我想我们不是做啤酒生意的；我们是做部落建设的。”拉古尼塔斯狗镇淡色艾尔啤酒的早期标签上写着：在酿造过程中没有狗受到伤害。善待动物组织（People for the Ethical Treatment of Animal，简称 PETA）从中得到了乐趣，并在他们的年度募捐会上提供狗镇淡色艾尔啤酒。圈内玩笑，共享利益，以及对荒谬的欣赏，都在拉古尼塔斯部落中发挥着作用，你所要做的就是把啤酒盖子撬下来。

早期，拉古尼塔斯啤酒发展太快了。他们不得不买下一家新的装瓶厂——这是一种输送系统，将瓶子一个接一个地引导到一个啤酒龙头上，啤酒龙头流出的啤酒把瓶子灌满，然后盖上瓶盖，再把瓶子放进箱子里。装瓶厂的成本太高，让他们破产了。托尼发不出工资，所以他召开了全体会议。托尼没有像一个传统的首席执行官那样制订法律，而是用了各种复杂的比喻，让人摸不着头脑，除了“我付不了你工钱，所以，如果你明天不来上班，我会理解的”之外，似乎没有人记得他说过什么。第二天，大约 2/3 的工作人员照常来上班，其中一些人还在模仿托尼•麦基，还嘲笑他莫名其妙的讲话。在那一刻，托尼意识到他的公司只是一个建立在友爱和感情之上的社区。

托尼对成功一笑而过：“爱喝啤酒的人正在开我们的车，我们尊重司机！”

纵观人类历史，艾尔啤酒让人们走到了一起，增强了欢笑与欢乐、勇气与愤怒、咆哮与悲伤。这是我们故事的一部分：“啤酒大声说话，人们小声咕哝。”

在相聚时：不同的方式决定不同的交流

回到第一章，我说过，即使我们似乎无法聚在一起，也从不孤单。就像“生—死”“天赋—技能”“分析力—创造力”，以及其他所有的东西一样，“独处—相聚”也是一个反馈环路，但是，本章内容可能会让你感到不安。你可能会生我的气，但我支持你。当我写这一章的时候，它让我夜不能寐，因为它推翻了我的一些比较深情的观点。

当我们扩展自己的思想去接纳他人的时候，就如同添加更多层的青蛙脑、小狗脑和费曼脑。我们创造的东西的价值，比如啤酒，来自别人的想法。人们以不同的方式相互影响，这就是人们做出选择的影响，但也有人们相互模仿的回音室效应（echo-chamber effect），说服他们自己应该选择某样东西，因为他们的朋友喜欢它。

你的创作的价值决定了你的财富。所谓财富，我指的是整桶啤酒，不仅仅是你的银行存款余额，还有更高意义上的财富。就像我们如何将“偏见的概念”从“简单的偏执”提升到“思想的懒惰”一样，我们将把财富和价值从它们的物质根源带到一些更大的问题上。富有与金钱几乎没有什么关系，只是，没有钱的话，很难变得富有。

我们聚在一起决定什么有价值和什么没有价值的方式涉及了交流，我们与他人交流的方式决定了我们如何与自己交流。说到我们自己，我指的是我们头脑中的所有人：专业人士、父母、孩子、爱人、兄弟姐妹，以及我们自己。

当我们研究如何相处时，我们必须理解不同类型的交流，包括微笑、大笑和幽默。

说真的，这会变得很奇怪。但别怪我，我们寻找、定义、发现和创建自己身份的方式让我感到困惑。到目前为止，我一直喜欢做一个独行侠，但在写这一章的时候，我不得不放弃这种方式。

团队合作：整合个人的努力能产生最好的结果

从子宫的坟墓到坟墓的子宫，我们孤零零地来到这个世界，又孤零零地离开这个世界，不是吗？

我们带着祖先的基因组遗产而出生。我们在生活中不断地思考着他人的反应，直到我们用一生的互动使点亮的那盏灯熄灭，不是吗？

我们真的是独立的个体吗？或者，我们是如此融入我们的部落，以至于我们所认为的与众不同的特征，实际上是我们从我们的民族、我们的宠物以及我们一路上遇到的野生动物——包括人类和野兽——身上捡到的碎片吗？

不幸的是，对于我们这些人来说，比如我吧，珍视这样的观念：我们是控制着自己命运的孤独者，把这个隐喻放进牲畜的范围内，个人主义的概念乍一看就崩溃了。好吧，也许要看第二眼才会玩完呢。

（1）内心粗犷的个人主义者

还记得唯我论吗？我们在第三章的心智理论中讨论过。唯我论是不可能反驳的——它完全是一种梦想哲学。

如果你的大脑脱离了物质世界而独立存在，会怎样呢？没有感官输入，只有一个呆坐着的大脑，但有着良好的氧合血液循环。没有感官输入，你的整个现实将不得不来自内心，一个真正的纯幻想的梦境世界，但有一个巨大的问题：在这个大脑里，时间不会流逝。

你从未经历过与外部世界的互动，你从未见过任何东西，所以，你不知道图像是什么；你的耳朵从来没有听到过声音，所以，你也没有声音模式，也没有气味、味道或感觉，什么都没有。

考虑一下：没有思想。现在试试看。

回到第四章，我们讨论了婴儿出生时的突触连接是 3 岁孩童的 2~3 倍，以及他们的大脑如何修剪那些不能帮助他们理解周围环境的连接。如果没有世界，那么，修剪的过程很可能会一直进行下去，直到最后，仅存的突触是最基本存在所必需的。你会修剪掉你的一部分青蛙脑之外的所有东西。

在一个从未与世界互动的大脑中，没有关联，没有感知，没有想法；它只是一大块肉，插上电源，灯却关掉了。

洛博（Lobo）是一个坚强的人。她是狼养大的，从来没有和其他的人类交往过。与唯我论者不同，洛博与世界互动，获取各种模式，并学习像其他人一样期待，但有一些明显的缺陷。

我们的大脑需要在一开始就观察别人，然后才会修剪掉与声音和语言相关的突触。有些人在人生的前 10 年左右与他人隔绝，被狼养大，或者被变态的混蛋关在牢房里，他们的余生都在努力学习说话，却没有取得多大成功。如果洛博从不与人交往，她就无法“访问”（使用）她需要的概念工具去思考问题、对自己的生活进行叙述，或者收集荒谬但坚定的观点。

马出生后的几个小时内就会奔跑。婴儿出生后，可能虚度年华 20 年，还不会开车！

人类离开子宫后继续发育的时间比其他动物长得多。标准的推理是，如果我们在母亲肚子里等了整整 14~18 个月，而不是 9 个月，那么，我们的脑袋就会大得出不来了。也许是这样，但尽早加入这个群体提供了一个巨大的额外优势：提前出来是对我们亲爱的母亲的一种礼貌，这被认为是一种适应；有些自然选择杀死了那些懒洋洋地躺在子宫里的孩子的母亲，而那些出生时母亲已经去世的孩子表现得并不好。

早点出来也是一种延伸适应。

虽然我们很容易找到一种适应的方式来帮助我们应对现实，但延伸适应也能帮助我们，只是以一种巧合、幸运和不那么明显的方式出现。自然选择迫使胖头婴儿早早地离开母体，但也带来了另一个巨大的好处：延伸适应让婴儿在欢笑、呜咽和甜言蜜语的人的陪伴下完成了大脑的发育。

当然，我们也有自己的秘密。科幻小说作家金·斯坦利·罗宾逊（Kim Stanley Robinson）极好地描述了排泄、性幻想、暗中盼望、对死亡的恐惧、羞耻的经历、内心的痛苦和骚动，以及我们从未分享过的梦想。存在可能是孤独的，但孤独的存在表明我们是相互依赖的，而不是孤独的。说我们过着孤独的生活，忽略了一个重要的问题，那就是我们是如何以及从哪里聚集起这个自我概念的。

我很痛苦地承认，我们真的在一起。

（2）意识反馈环路的扩展

对不起，普罗米修斯（Prometheus）最伟大的发明不是火；很不幸，米其林轮胎广告小人（Michelin Man）最伟大的发明也不是轮子；

抱歉，牛顿最伟大的发明也不是微积分。当你坐在咖啡馆里听着十几岁的孩子打情骂俏时，你很难相信语言有任何价值。

除了“跳出框框思考”之外，我最讨厌的商业套路就是“不要重新发明轮子”[①]。在语言出现之前，几乎所有的知识都必须通过直接经验来学习；每辆马车的轮子都得重新发明。

当孩子做傻事时，祖父母（通常是外祖父母）会说：“一个孩子学会不做愚蠢决定的唯一方法就是做愚蠢的决定。”[②]这听起来有点道理，但在大多数情况下，人们之间可以互相学习。

当我们的感官给我们一个现实接口时，语言给我们一个彼此大脑之间的接口。分享经验可以改变进化的时间尺度。

大约 25 万年前，你的第 12500 代曾祖母无法想象下一个季节之后会发生什么。3 万年前，你的第 1500 代曾祖父能想象出将近一个世纪之内发生的事情。作为 21 世纪的产物，你的世界延续了 2000 多年。你了解罗马帝国，并获得了几百代人的知识。你每年的旅行距离相当于地球周长的一半（20000 千米），还可以观看来自火星的实时视频。想一想在 12 年的教育中所学到的知识吧。等到 17 岁的时候，你已经掌握了 30 多万年来人类所掌握的思考工具。

自然选择需要多长时间才能产生可以测量宇宙寿命的人呢？这个时间可能相当于宇宙的寿命。

---

①译者注：比喻不必做重复的工作。

②译者注：表示在愚蠢的决定中吸取教训。

(3) 仿真与模拟

你站在亚利桑那州 (Arizona) 温斯洛 (Winslow) 的一个角落里，看着“脱线女士”(Ms Magoo)[1]兰迪戴着耳机走在大街上，听着音乐，给她最好的朋友们发短信。她来到一个繁忙的十字路口，走到了一辆敞篷福特卡车前。你深吸一口气，收紧括约肌（sphincter）[2]，猛喷去甲肾上腺素（norepinephrine）[3]，紧张得要命，然后，当卡车在她身边倾斜时，你为她的好运松了一口气。

由于兰迪没有注意到这一近距离的失误，还在打字发短信“哈哈”，所以你大脑中担心的碰撞经历比她的更生动。当她走到卡车前面时，你可能有反应。你本可以跳到一边去，但如果你的下巴真的要挨一拳的话，你就不会跳得那么远，也不会那么匆忙了。

现在，兰迪走到对面的路边，仍然没有察觉。汽车突然转弯绕过了她，于是一辆普瑞斯汽车与一辆装料机追尾。她在路边绊了一跤，她的膝盖、手腕和手机同时撞到水泥地上。当然，当她的手机坏了的时候，你会感到有些幸灾乐祸，但你以前也有过这样的经历，你知道那是什么感觉。这又是镜像，现在激活你的前扣带脑皮质，也就是你的疼痛中枢。你同情兰迪的痛苦，你的心跳加速，但你没有感觉到那种痛苦。你的肌肉和膝盖之间的反馈环路（但不是你的手机）通过抑制信号通知你的运动皮层和疼痛中枢，你实际上没有

---

①译者注：脑子不好使的意思。

②括约肌：分布在人和动物体内某些管腔壁的一种环形肌肉。

③去甲肾上腺素：抗休克的血管活性药。

参与兰迪的遭遇。

你对他人创伤的情感反应来自于你对该创伤的镜像和模拟体验。在你的运动皮层中，镜像会对他人的面部表情产生即时的身体反应。从卡车上跳下来只需要 0.2 秒，而你的脸对别人的脸的反应速度几乎要快 10 倍。当你的伴侣对你微笑时，你的唇部肌肉大约需要 0.03 秒的时间来回应——不是一个成熟的微笑，而是一种太快而无法控制的反应。

真正的微笑是很难伪装的。你不能只是让珍珠般洁白的牙齿一闪而过，你不能就这样算了。假笑和真笑使用不同的肌肉。瞧瞧你拍的照片。你最初的笑容可能是真诚的（毕竟，摆姿势通常是愉快的），但你保持微笑的时间越长，看起来就越假。当你在镜头后面时，一旦调节好焦距，就要在你的拍摄对象摆出一个姿势之前按下快门。

问题是，我们不只是用嘴唇微笑。真正的微笑占据了你的整个脸庞，尤其是你的前额和眼睛。

但我们究竟为什么要微笑呢？对微笑的思考是“洋葱皮”的外层科学。我的想法是，50 万年前，如果你和我在图书签售会上认识，我们就会在“别惹我”的默认威胁中暴露自己的弱点。然后，我会看到你手中的那本我的书，你会从封面上的照片上认出我来，我们的嘴唇会微微颤动，隐含的威胁会转化为明确的问候。亿万年过去了，你的“哺乳动物式咆哮”转化成了你的“胜利式微笑”。

我们对彼此无意识的即时怜悯使我们更紧密地联系在我们的团队、我们的部落、我们的学校和我们的民族之中。

我们对竞争对手的反应不一样。我们对不认识、不喜欢或不信任的人的反应不是那么自然。冲着陌生人微微一笑，这样他们就不会感到威胁，但可能会孤立你——那是假笑，也就是“社交式微笑”。

我们对盟友和朋友的自动反应创造了积极的反馈环路，加强了我们的感觉。你越喜欢一个人，你对他的回应就越多，他对你的回应也越多，然后，你对他的回应也越多……你也就越喜欢他。不幸的是，你对不认识的人缺乏自动反应也是一个积极的反馈环路：你的回应越少，他们的回应就越少……他们就越不喜欢你。

（4）众包和头脑风暴

先说说蜂房王国里的故事。作为一个群体，蜜蜂和白蚁表现得像聪明的生物。每只蜜蜂和白蚁不到 100 万个神经元，它们各自都很愚蠢，但把几千个神经元放在一起，它们就能狩猎、收集食物、设计和建造庞大的建筑，甚至知道如何供养皇室。

再说说人类王国里的故事。让国王和王后与众不同的是其他人对待他们的方式。乔治王子将是独一无二的，不是因为他有什么特别之处，而是因为部落里的其他人认为他是特别的。蜜蜂也是如此。你拿任何一只工蜂幼虫，喂它一种特殊的食物，对它格外尊重——鞠躬，行屈膝礼，忽略突出的鼻子和糟糕的头发——结果，你会收获一位独裁者，我的意思是“蜂中女王”。

真实的蜂房会比各个组成部分更聪明。你的青蛙脑增加一个小狗脑，会有多大程度的改善呢？你的小狗脑会从费曼脑那里得到多少好处呢？我们添加了语言，找到了一条通往另一个具有处理能力的大脑通路，尽管比直接的“轴突—突触—树突”连接更慢，效率也更低。

想象一下，作为一名诺曼底登陆日（D-Day）的士兵，作为16万只蜜蜂的蜂房中的一员，同心协力，全力以赴，为共同目标而努力。也许当你被征召入伍的时候，你的奉献并不是那么绝对，但是，一旦你到了海滩，要么前进，要么死亡。

从总理或总统到将军、上尉、中士和下士的指挥链相互协调，所有的工蜂都是如此。没有任何一种元素能完美运作——那天有2500人死亡——但大部队继续前进。

最高指挥官德怀特D. 艾森豪威尔（Dwight D. Eisenhower）的头衔令人印象深刻，但他也面临着历史上的一大挑战：驾驭政客和军官的自负。有消息说，英国首相温斯顿•丘吉尔（Winston Churchill）相当自信，也有同样慷慨的自以为是的能力，但艾森豪威尔说服了丘吉尔授予他对皇家空军（Royal Air Force）的完全权力——这是一个英雄的成就。毕竟，寡不敌众、装备不足的皇家空军在3年前赢得了不列颠之战。为什么丘吉尔会把这种程度的控制权交给一个后来者？因为他明白一个协调一致的兵营的必要性。

现在，有了你和我，那边的那个女人，还有那个穿连帽衫的家伙，反馈环路扩大了。但我漏掉了一个关键的部分。我们同意使用“青蛙—小狗—费曼”的大脑模型，只有当我们记住它必须在开发的每个步骤中重新优化时才会这样。在图17中，我将已经过度简化的模型合并到一个更大的反馈系统中，因为我不知道如何在团队中每个人之间绘制重新优化连接，这些连接不仅包括语言，还包括所有其他的传播类型。

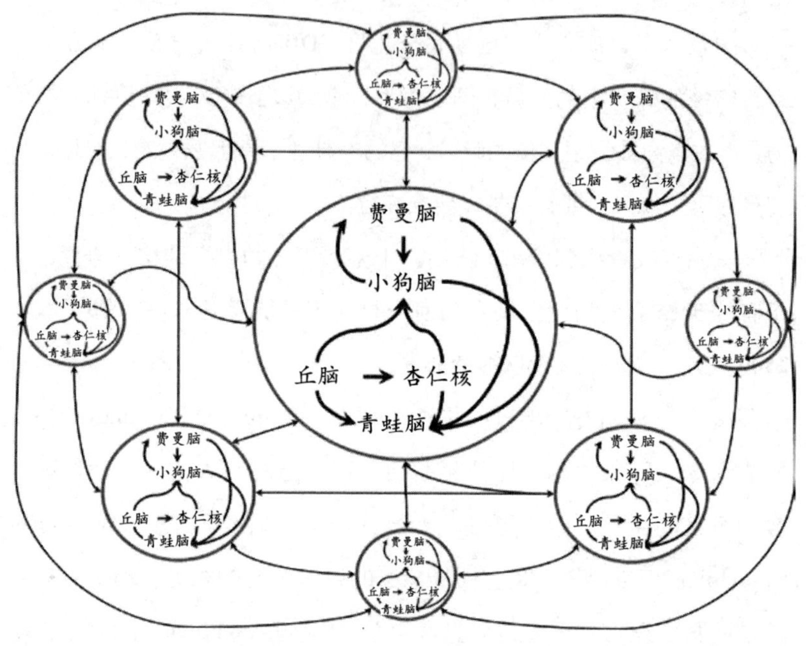

图 17　团队成员之间的“传播流”

当自然选择重新优化大脑各个部分的连接时，作为一个团队的成员，我们有责任重新优化我们的互连结构。我们参加过团队之后，知道这些连接需要大量的优化。有时，乐队聚在一起，作为一个完整的整体来演奏。有时，我们看到彼此眼睛里的“灵感灯泡”都亮了起来，我们就能一声不吭地传达出下一个关键的步骤、关键的代码行、理想的集成电路、啤酒花和麦芽的正确组合。

团队相啮合；人们聚在一起，但不像蜜蜂那样。当人们像机器里的齿轮一样，遵循简单、具体的规则，像单个神经元和蜜蜂那样行事时，他们的天赋就丧失了。成就、英雄主义和辉煌来自人们的共同努力，他们认识到整体的目的，同时将个人的意图融入致力于追求更大利益的角色中。

那么，公司像蜂房吗？它是有意识的吗？一群人在共同努力的过程中，会不会变得如此网络化（我敢说，是互联网络化），从而产生真正的意识？

想一想那会是什么感觉。你在自己的小隔间里做你自己的事情，机器上的一个齿轮和一堆其他齿轮一起为一项任务做出贡献，哇，整体意识沸腾啦。每个齿轮都参与到这种意识中，但它们会意识到这种元意识(meta-awareness)吗？很难想象你的每一个神经元都“意识到”你的存在。假设意识是存在的，那么，认为单个蜜蜂意识到蜂房的意识，这个观点是否有些牵强呢？

各个神经元可以结合成一个有意识的存在，但晶体管可以吗？冒着从科学的大潮中跳出来，进入哲学的深渊，并在错综复杂的隐喻海洋中窒息的风险，让我用坚定的“也许”来回答这个问题吧。

众包（crowd-sourcing）非常有效。如果你把无数糖果放在一个大罐子里，然后问 100 个人，里面有多少糖果，这 100 次猜测的平均值是准确的；也就是说，猜测的分布将以实际值为中心，尽管任何单个猜测都可能偏离实际值很远。这是迈向蜂房情报的下一步吗？可能不是。如果我们不去问每个人，而是把这 100 人组成一个委员会，让他们估计糖果的数量，那么，委员会的估计几乎和胡乱猜测一样不准确。只要人们独立猜测，他们的平均猜测就会相当不错，比相关的估计准确得多。

许多研究表明，人们单独工作的效率最高，但把他们的努力结合起来会产生最好的结果。当每个人都把自己的想法写下来，但不互相交谈的时候，头脑风暴（brainstorming）是最有效的。最好的软件是由个人单独编写的；曼哈顿计划（Manhattan Project）的成功可能来自其保密性。

也许我们有类似蜂房的特性。也许我们以一种将人们聚集在一起的方式进行互动，这种方式恰好适合“文化革命”。也许个体本身根本不重要，重要的是思想的融合和批判。

但我们真的是同一个蜂房吗？你们为什么这样问我？我们应该问 1000 个人，而不是让他们互相交谈，然后平均他们的答案。

评估价值：需要特定的对象、时间、空间

当你去购物时，待售的物品都附有价签。价格是由价值决定的，这是一个巨大的经济反馈环路。某物的价值是某物的供给和需求以及组成该物的物质的供给和需求的组合，以此类推。

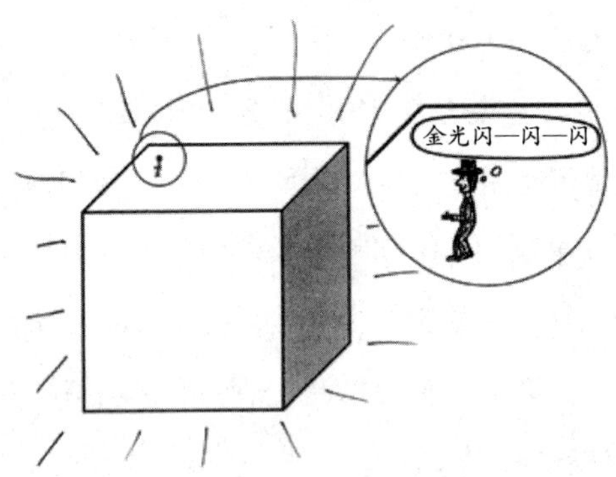

图 18 迄今为止开采的全部黄金体积的比例尺图

“需求”这个词可能是治疗一种永无止境的神经症的胶囊。例如，人们认为黄金具有内在价值。黄金有一些有用的特性：它是导热和导电的良导体，而且不会变色。这些特性使得它非常适合用于技术领域。黄金制成的电缆、触点和电路都优于铜或铝。但我们也认为黄金有价值，因为它是金光闪闪的稀有金属！

这可是金光闪闪的稀有金属！

地球上已开采的全部黄金大约可以装进一个约 25 米的立方体中（图 18）。只要所有人都认为黄金是有价值的，任何一个拥有这么多珠宝的人都是独立的富人。独立就这么简单。

我认为金钱是文化基础脆弱的完美例子。如果我们打印小纸片，用便宜的金属铸成小圆盘，然后告诉人们，它们很有价值，你认为人们会用他们的整个工作生涯来获得这种货币或现金吗？

（1）创造者和旁观者

说“情人眼里出西施”，就是说“价值是主观的”。

我们——你和我——有着不同的价值观，但如果你饥饿、高兴或悲伤，我知道你的感受如何。创造者和旁观者之间的共鸣创造了通向价值的共同基础。我们与其叫它们“镜像神经元”，不如叫它们“金钱神经元”。

想象一下《蒙娜丽莎》，当你想到这幅画时，你的脑海中就会闪现出一系列的联想。网上的一些信息，让你想起评论家、策展人、其他艺术家和评估师是如何评价这幅肖像画的。因为它既是一幅画，也是一种象征，你可能会发现，很难将你对它的价值的个人评价与你对艺术家和评论家的欣赏区分开来。

当你看着这幅画时，你的自下而上的无意识思维的处理器获取了关于形状、颜色、纹理和所有细节的信息，并且随着这些数据的积累，你的身体会做出反应。你的青蛙脑和小狗脑会对一个跨越世纪来与你对望的女人做出反应。她在微笑，但那是一种扭曲的、会心的微笑，仿佛她在注视着你。她改变了你的心率，你在她的注视下出汗了。也许你觉得受到了威胁，也许你被眼前的景象惊呆了，也许你也在她身上看到了什么，也许还有一丝罪恶感，也许你想知道她在隐瞒什么。

聪明的创造者有能力激怒你。

当你看着《蒙娜丽莎》时，你和达•芬奇有着共同的感受。你明白他的意思。你要么感同身受，要么无动于衷。

如果仙女座人向你展示了一个东西，这个东西是如此的陌生，如此的天外来客，以至于你不知道它意味着什么、代表着什么、要做什么，如果仙女座人没有办法和你交流，那么，这个东西就没有价值了。另一方面，当你打开一瓶 IPA，把它倒进一个透明的杯子里，吸进那种感觉像人类一样充满希望的气味，把这种金黄色的液体喝进你的食道，你就是在和托尼•麦基分享一些东西。他的啤酒会说话，但你的反应决定了啤酒的价值。

（2）创造和新意

参与是“创造者—旁观者”反馈环路的第一步。一个创造者要想吸引旁观者的注意，他必须平衡期望和新意。旁观者必须识别、阅读或感受创造者的意图，无论他是否喜欢这个作品，它必须既要符合他的期望，又要违背他的期望。如果它只是符合他的期望，那么，他的脑海中就会响起顿悟的铃声，他打个哈欠就过去了；如果它只是违背他的期望，那么，顿悟的铃声就会响起，但是声音太大，他就会逃跑。

若要把“意义”浓缩成意识，就必须有“新意”，但不能太多！

一个海盗走进一家酒吧，他的裤子前面粘着一只海盗船方向盘。调酒师问：“嘿，你不觉得疼吗？”

海盗咆哮道：“啊，快把我逼疯了。”

幽默在荒谬和悲剧之间的笑点中找到了平衡点。

喜剧演员威利（Willi）走上舞台，讲了一个故事，这是一个可能发生在任何人身上的普通故事。你在脑海中模拟了这个故事。你的大脑识别出这个故事的模式，并预测接下来会发生什么，但后来发生了一些你意想不到的事情。这一意外引起了人们的警觉：有些事情不对劲！此时，自下而上的无意识思维的处理器则会提供可选择的上下文，把故事融入你的期望中。你停了一会儿，然后，其中一个或多个选择“沸腾”为意识。如果不止一种选择渗透出来，而且其中至少有一种是荒谬的选择，你就会笑。越荒谬（也就是说，越不符合你的期望），你就笑得越厉害。如果有两种或以上的选择是荒谬的或无关紧要的，你就会一直笑。

累积的压力越大，建立起的期望的紧缩程度越高，这个笑话就越有趣。一个笑话可以以悲剧收场，如果悲剧发生的可能性很小，那么，它仍然是有趣的。但是，如果荒谬仍然是一种可怕的可能性，那么，只有疯子才会笑。如果只有一个选择弹出，而你不觉得它荒谬，或者它以一个悲伤的音符结束了故事，你就不会笑。如果没有选择冒出来，你就会搞不懂。

笑点的荒谬性是给笑话赋予价值的新意之处，新意是引起人们注意的不同之处。将两个不同的概念捆绑在一起，价值就有了爆发的机会，但如果新意太过牵强，只有新意而没有期望，只有震惊而没有共情，那么，如果你必须解释一个笑话，就没有人会笑。

幽默的艺术在于妙语之间的矛盾。这位喜剧演员是如何引入新意的呢？她从一个故事、一个观察或一个情境开始，然后抵达她的大脑，不管这个过程是否有意识，她都在寻找世俗期望的远隔联想（remote association）、荒谬且离题太远的替代品。或者，她可能以一句妙语和荒谬的陈述开始，然后寻找一个平凡的背景来放置那句完美的台词。

这种远隔联想是横向思维。故事沿着传统的方向发展，但其中的妙语迫使你转向一个横向的方向，这个传统的概念只有在你把它颠倒过来时才适用。

大笑比金子更有价值，至少在笑话这一范围内是这样。这是一个积极的反馈环路：首先你微笑，然后你的微笑也微笑，然后你的微笑的微笑也微笑，以此类推，直到你爆发大笑。如果微笑演变成一种方式，让我们把一种隐含的威胁转化为一种明确的问候，就像在“我本来想威胁你，但我看到是你，所以我笑了”中那样，那么，大笑就是一种“宣告一切都好了”的方式。随着笑话的展开和紧张气氛的加剧，我们都提高了警惕，仿佛听到身后杂草沙沙作响。但接着，笑点出现了，我们无拘无束地咯咯笑着，一场欢乐的“悲剧并没有迫在眉睫，一切都很好；只是布奇带着一头河马回来了”。

（3）质量和人气

我们对事物、人或动物的重视程度因一时兴起而异。我们反复无常，商业、艺术和科学都有失败作品在后来变成重要作品的例子。

1887 年，阿尔伯特•迈克尔逊（Albert Michelson）和爱德华•莫雷（Edward Morley）进行了一个实验来衡量乙太的属性。乙太是外层空间的大气层，这是大家公认的。

迈克尔逊和莫雷组装了一个能够测量空间变化的实验，精确度大约为 0.00000002 英寸（约 0.5 纳米），这是 19 世纪一项惊人的技术成就。这个实验想法很简单：光沿着乙太的“发光的风”的方向传播的速度应该比垂直于“假微风”的速度快。但他们的实验结果总是呈阴性。当时的科学家，包括迈克尔逊和莫雷，都认为他们没有找到乙太，于是他们重新开始，又一次失败了。莫雷因工作过度而精神崩溃。要么他们是可怕的科学家，要么乙太不存在，但它一定存在，这是大家公认的！

迈克尔逊和莫雷不知道，一个在瑞士专利局工作的年轻人花了大量的时间思考光、空间和时间。阿尔伯特•爱因斯坦的狭义相对论不需要乙太，迈克尔逊—莫雷实验成了它的第一个证据，而这个实验现在被认为是世界上最重要的失败实验。

大约在迈克尔逊和莫雷在科学上失败的同时，克劳德•莫奈（Claude Monet）在艺术上也失败了。当然，两者并非如此相似，价值的主观本质在艺术中比在科学中更为深刻。

随着摄影技术的成熟，对真实图像的需求也发生了变化。既然可以拍照，为什么还要画画呢？1863 年，在巴黎沙龙（Salon de

Paris）展览会上，老派的现实主义者——柯达（Kodak）将他们视为无足轻重的人——拒绝接受印象派的作品。十年后，莫奈（Monet）与雷诺阿（Renoir）、皮萨罗（Pissarro）和塞尚（Cézanne）等艺术家组成了一个合作组织——法国匿名艺术家、雕塑家、墓志铭家协会，并在一家摄影家画廊举办了他们的展览。评论家们将这种新风格释放出来，其中有一位特别抨击莫奈的评论家，创造了“印象派”这个术语，并一直沿用至今。

排行榜前40名的音乐是最好的音乐吗？畅销书是最好的文学作品吗？轰动一时的电影是最好的电影吗？

等一下，你说我应该用人气值来衡量质量吗？

还有其他的衡量标准吗？我们只是看到科学和艺术领域的专家犯了巨大的错误。

凡·高一生只卖出了一幅画，他创作了2000多幅作品。他的家人没有扔掉的画作现在卖到数千万美元，但当时评论家们把他的第一部杰作给毁了。

谁来决定什么是好东西？

在科学上，“好”的意思是正确的，经得起检验的。爱因斯坦和费曼是伟大的物理学家，因为他们开发的理论预测了真实发生的现象。迈克尔逊和莫雷后来成了伟大的科学家，因为他们推翻了一个站不住脚的理论。

艺术有批评家和竞争者，他们会奖励“最好的艺术家”，帮助我们解密我们应该珍惜的东西。

托马斯·金凯德（Thomas Kinkade）是一位伟大的画家吗？没

有其他画家能像他那样在零售方面取得如此大的成功，但评论家们都讨厌他。

我们为什么要在意批评家呢？你和我，我们知道自己喜欢什么。我们不需要讨厌的批评家来评头论足。

但是，就像没有一个科学家可以独立完成每一个实验、做好每一次观察、重新构建每一个理论一样，也就是说，就像每个科学家都必须依赖其他科学家一样，你和我都没有时间去读每一本书、看每一部电影、听每一支乐队、喝每一杯啤酒。好吧，就算我们可以挤出时间来读书、看电影、听音乐、喝啤酒，但对于其他事情，也许我们需要一些帮助。

“创造者—旁观者”反馈环路和其他循环一样紧密。我们的立场和价值观可能都是主观的，但我们的主观性有很多共同点。批评家的工作就是找到共同的主观价值，这样我们就可以在蹩脚的艺术上浪费更少的时间。批评家的作用是有价值的，但这并不意味着我们不能继续讨厌他们。

（4）对的时间、地点、人物

物理学于 1900 年完成。伟大的古典物理学家路德维希·玻尔兹曼（Ludwig Boltzman）、亨利·庞加莱（Henri Poincare）、亨利·波因廷（Henry Poynting）、瑞利勋爵等人几乎都宣称这个领域已经完善。牛顿的万有引力定律经受住了时间的考验，麦克斯韦（Maxwell）最近又实现了电与磁的统一，于是，物理世界的理论就简化为 5 个简单的方程式。当然，有一些“皱纹”需要“熨平”，但大问题已经得到了解答。做得很好！

在接下来的几年里，其中的两条“皱纹”将在熨烫中爆炸。首先，马克斯•普朗克（Max Planck）对所谓的“紫外线灾难”（ultraviolet catastrophe）做出了解释。这条“皱纹”来自一个古老的理论，该理论预测了黑体辐射的光谱。想一想烧烤时的煤球吧，当它们被加热时，首先发出红色，然后是黄色、白色和蓝色。这是一条谬论，它竟然认为，即使是微微发光的煤炭也会产生高强度的紫外线辐射。如果这是真的，那么，你做排骨的时候就会患上黑色素瘤（melanoma）。普朗克的解释预言了光以离散的能量包的形式出现。他称之为“量子”，于是他发现了量子物理学。

大约在同一时间，瑞士专利局的那个爱抽烟的头发很乱的家伙“熨平”了扼杀星际乙太想法的那道皱纹。

为了科学的发展，你需要能够测试理论和做出可测试预测理论的实验。技术通过实现越来越精确的测量来推动实验进展，理论通过提供设计新设备所必需的理解来推动技术，就像跳蛙游戏一样。

物理学上的量子或相对论革命始于1900年，那时进入工业革命半个世纪，这可能是个巧合吗？

这些人中大部分你们都听说过：埃尔温•薛定谔、保罗•狄拉克（Paul Dirac）、欧内斯特•卢瑟福勋爵（Lord Ernest Rutherford）、埃米•诺特（Emmy Noether）、维尔纳•海森堡（Werner Heisenberg）、尼尔斯•玻尔（Neils Bohr）、理查德•费曼。好吧，也许你还没听说过埃米•诺特，但现在也应该听说过，读完几页之后，你会听到更多。他们真的是天才吗？或者，他们是幸运地在对的时间出现在对的地点吗？在接下来的50年里，科学的进步超过了过去5万年的进步。

1955年，艾伦·金斯伯格（Allan Ginsberg）写了一首名为《嚎叫》（*Howl*）的诗。当时，他和一群一起出去玩的人自称“垮掉派诗人”（Beat Poets），并在旧金山的一家画廊里阅读这首诗。就像量子物理学和相对论一样，《嚎叫》并非凭空而来。金斯伯格博学多才，以沃尔特·惠特曼（Walt Whitman）的长诗风格写作，因此他的诗具有文学上的可信度。旧金山书商劳伦斯·费林盖蒂（Lawrence Ferlinghetti）出版了这首诗。主流媒体认为《嚎叫》是淫秽的，引起了很大的轰动，以至于这首诗被禁，费林盖蒂因出售这首诗而被捕。

《嚎叫》出版一年后，金斯伯格的朋友杰克·凯鲁亚克（Jack Kerouac）所著的《在路上》（*On the road*）问世。碰巧《纽约时报》（*The New York Times*）的书评人正在度假。这个临时替补的书评人非常喜欢《在路上》，他说，这是“凯鲁亚克为‘垮掉派诗人’迄今发表的最优美、最清晰、最重要的言论”，于是，《在路上》卖得非常好。“垮掉派诗人”的恶名发展成了一场反主流文化运动，成千上万的“垮掉的一代”开着他们父母的车，沿着66号公路前往加利福尼亚。

命运是否曾看轻1975年硅谷的电路、1960年利物浦的音乐、1950年格林威治村的诗歌和散文、1955年旧金山的北海滩、1903年底特律的汽车、1900年维也纳的物理学、心理学和艺术、1873年的巴黎绘画、1933年耶路撒冷的宗教，并判决他们是特别的呢？是命运在这些地方聚集了非凡的人才，还是在对的时间和对的地点，激情的临界质量（critical mass）推动了“天赋—技能”反馈环路进入革命呢？

艾伦·金斯伯格是个有远见的人吗？他当然是。但他会成为堪萨斯城的梦想家吗？很可能没有人会帮他出版《嚎叫》，所以他很可能不会成为梦想家。弗洛伊德、克里姆特或马克斯·普朗克有什么特别之处吗？是的。但在1900年的波哥大，他们会像在一个充满才华、创造力和言论自由的维也纳一样特别吗？

这些人是天生的天才吗？或者，他们在对的时间出现在对的地点，和对的朋友在一起吗？

女巫的炼药中含有很多成分，这会造成文化上的混乱。特定的人很少像他们看起来那样独特。如果没有对的时间和对的地点，这口大锅就做不出同样的汤药。

（5）也许不是常识

常识是一群人相信的东西。当某事有意义时，我们会有一种确定的满足感，但这并不意味着我们是对的，也不意味着与他人分享的信念就是对的。

在一种文化中被认为是常识的东西可能在另一种文化中并不相同。我们大部分的信仰都是通过与我们自己部落里的人交流得来的。当我们研究人类的一种特征时，如果我们想知道它是对每个人都适用，还是只对特定群体的人适用，那么，我们必须进行比较。科学要求这些比较能够经得起统计学意义上“尽可能接近目标”的检验。统计学家的话听起来总像是在倒过来说，所以我要提前为下一句话道歉。统计显著性衡量的是观察结果与随机过程不一致的程度。如果一种观察可以由一系列事件的随机汇合产生，那么，这种观察并不比掷骰子更值得关注。几个世纪以来，统计学家一直在分析随机过程。我们拥有工具来进行客观的测试，以便得出这样的结论：“在 5% 的相似样本中，喜欢长脖子而不是宽额头的审美文化存在随机波动。”

保罗 • 埃克曼（Paul Ekman）是一位心理学家，他对面部情绪的反应进行了许多跨文化研究。想一想快乐：有些东西会逗你发笑——无论是字面义还是比喻义，是电池供电还是大脑供电——某些面部肌肉的反应有意识的过程要快得多。他积累的证据表明，某些反应在每种文化中都是常见的，比如，每个人都会微笑，每个人都会哭泣，每个人都会大笑，他列了一长串的名单。

语言学也有类似的共性。当描述由锋利的物体造成的伤害或导致的瘀伤时，无论你说哪种语言，都能说出是“割伤”或“击打”造成的伤害。

可是，现在麻烦来了。刹车需要 0.25 秒，但我们对惊讶、厌恶、悲伤和愤怒的面部反应几乎要比刹车快 10 倍。我们可能认为，反应速度可以衡量加工所需的湿件，参与的湿件越少，反应就越普遍。其实没有那么幸运，反应时间给的不多，不然我们就太死板了！

虽然反应可能是普遍的，但原因不一定如此。我们的运动反应被编程到最低水平，而文化是最有效的编程者之一。

我们都有可能被一个蜿蜒滑行、嘶嘶作响、带有毒牙的东西（蛇）吓到。但是，当那个东西被烹制成原汁肉块的时候，我们中的一些人会厌恶地抿紧嘴唇，而有些人会流口水。

这里有一个例子，说明理解力如何取决于我们和谁一起长大。神经学家兼作家罗伯特 • 伯顿（Robert Burton）喜欢展示下面这两个图形，哪一个看起来更长呢？

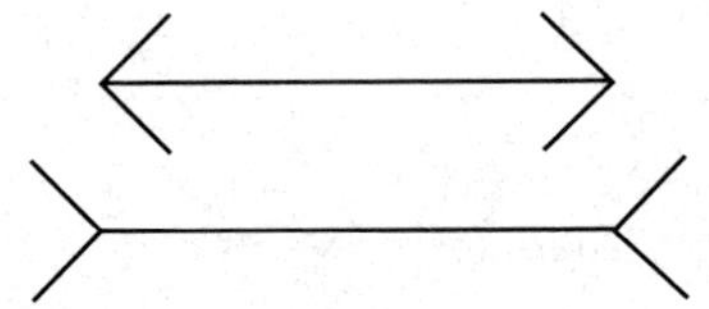

图 19　伯顿博士最喜欢的一件艺术品

（我知道你们会知道这两个图形的长度一样，但我的意思是，为什么有人会问它们是不是不一样长呢？因为我把下面的画长了一点。）

下面的图形看起来更长，虽然你们现在已经很了解我，知道除非它们的长度相等，否则我不会问，对吧？嗯，对于欧洲和北美的人民来说，下面的图形看起来比上面的要长 20%，但是，对于喀拉哈里沙漠（Kalahari Desert）的觅食者来说，这两幅画看起来一样长。

以美国和欧洲的本科生为研究对象，对他们的样本进行测试，得出的结论非常脆弱，所以，让我给出另一种结论，解释为什么一幅图比另一幅更长。因为我们的眼睛离得很近，所以除非在几米之内，否则我们无法看到三维物体的全貌。若要辨别远处物体的距离(比如，第三维度），我们需要依靠透视法。这幅图显示了透视法如何传达不同长度的错觉。

透视论（perspective argument）为光学错觉提供了一个常识性的描述，它在我们自命不凡的、伪知识分子的头脑中展示出一种抚摸下巴的舒适感觉，不是吗？但它在来自一种罕见文化的单一矛盾的重压下崩溃了。看，这就是全部。若要使科学结论被认为是对的，它必须适用于每一种情况。失败一次就玩完了。毕竟，觅食者和其他人一样，在很多方面都有自己的看法。

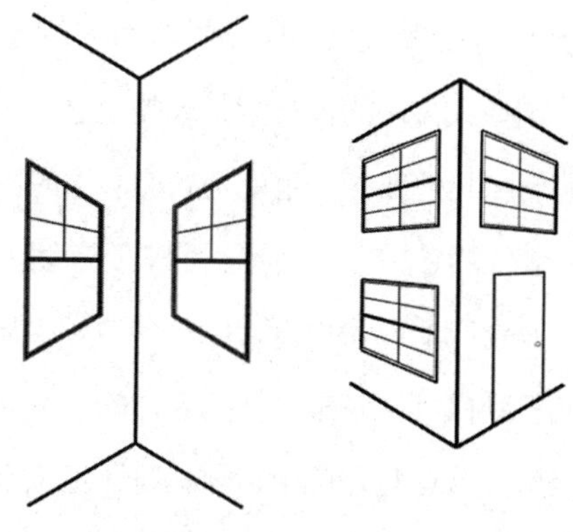

图 20　我们感觉一个图形比另一个图形更长的原因
——尽管这种解释在跨文化研究中站不住脚

科学家们在总结一个想法，宣布它已经完成，并在祝贺自己之前，必须向一个庞大的跨文化群体提交对任何人群进行的测试，以确定这种影响是普遍的还是源自文化。这不是科学判断不同文化优劣的地方。正如迈尔斯•迪伦所言，不管主题是什么，“事情没有这么简单”。

感知他人：读心能力也会影响自我认知

友谊可能是我们最大的成就。你有过多少成功的友谊？有过多少成功的爱情故事？与浪漫爱情相比，友谊更容易获得。

我们的读心能力，是由（他人的）心智理论和我们对他人经历的即时反应结合而成的，它不仅仅给了我们同理心，还使我们变得友好。我们互相开玩笑，有时甚至会大声说出来。你多久会有一次迫不及待想要分享的经历呢？“迫不及待”意味着你有“食欲”。我们互相吸引。当我们在我们的民族、部落中和他人互动并结交朋友时，就会得到一剂令人愉快的催产素。人类很喜欢与自己的族人在一起，但是，当我们和其他部落，也就是我们心中的不同民族互动时，却没有得到那种愉悦的感觉。这种特质带来了麻烦。

友谊不仅仅是让我们靠得更近，以抵御各种因素；它还给我们一面镜子，让我们看到自己。它是这样的：你的镜像系统在你的脑海中复制其他人的经历。从这些经历中，你构建了他人身份的模型。然后你用这些模型来看待你自己，就像别人看待你一样。现在，为你曾经接触过的每一个人重现这个反馈环路，你的自我形象就会出现。

让我把最后一点重新表述一下。你站在两面镜子之间，当你往一面镜子里看时，你会看到你自己的影像，你的影像的影像，无穷无尽。现在把这些图片想象成你对别人如何看待你的理解。你的第一影像是你如何看待你的伴侣或你最好的朋友。深入到第六、七个影像时，你会发现你在同事和熟人眼中是什么样子。十分模糊的遥远影像就是你被你几乎不认识的人看到的样子。

我们独特的性格很可能不是来自古怪的独立，而是来自我们对别人看待我们的看法。

一阵风带走了我顽强的个人主义的最后灰烬。

就在你前额几何中心的正后方，当你想到自己、照镜子或听到自己的名字时，你的大脑中有一个区域会亮起来。当你想到别人对你的看法时，当你决定如何与他人互动时，当你决定如何融入特定的情境时，当你压抑自己的情绪时，也就是说，当你压抑“真实”的自己时，它就会亮起来。

如果大自然把我们用来确定我们是谁的处理器放在前额几何中心的正后方，那么，神经科学发现的证据表明，我们可以通过与他人（也可能是动物）互动的反馈环路，而不是作为控制自己命运的坚强个体，来弄清我们是谁和我们关心什么。这个反馈环路是这样的：我们通过对他人想法的感知来构思自己的形象。有些人比其他人更重要，但你所接触的每一个人都有影响力。

如果这听起来有点粗略，有点投机，那也应该如此，因为确实如此。无论如何，不可否认的是，我们的个性在某种程度上形成于一种自我认知，这种自我认知深受他人对我们的认知的影响。

领导者意义：追随者共同行动的结果

我们的世界是脆弱的。

我不得不放弃我作为一个坚定的个人主义者的自我形象。虽然我仍然坚持我既不是追随者也不是领导者，但我有一种迫近的感觉，无论我做什么，我都是某种机器上的一个齿轮，某种蜂房里的一只蜜蜂。

我们以团队的形式走到一起，将自己的“青蛙—小狗—费曼”反馈环路扩展到其他人身上。就像我们做的其他事情一样——从棍棒和石头，到锤子和凿子，再到符号和软件——这是另一个抽象层。组织可以反映类似于我们大脑的结构。哦，这不是一一对应的地图，如果这是一个比喻，它将是一个糟糕的比喻，可是，在生物学上也没有什么整齐的东西啊。

就像你那聪明的自上而下的有意识思维，至少在某种程度上是统一的意识一样，最高指挥官召集其他将军，将命令传递给由并行处理的士兵组成的步兵。这些并行处理器的行动可以渗透到更高的层次，但最高指挥官的一切意愿都取决于数千名士兵的行动及其结果。只有极少数的士兵才会激动起来，引起自上而下的有意识思维的指挥官的注意。组织的每一层都在复制这个反馈环路。

到底发生了什么事？必须有一个领导者吗？无政府主义者认为乌托邦一旦消灭了所有权威，就会从人类的自然善意中产生出来，难道他们错了吗？这让我们回到了蜂房和我母亲的话题。

在写这一章的时候，我的个人主义变得开小差了，我必须意识到，我是社会的一部分。我母亲曾经指出，“社区”（community）是“共产主义”（communism）这个词的词根。

蜜蜂之间没有组织结构图。蜂房从蜜蜂的所有动作中涌现出来。女王只不过是个吃得很好的工人。她没有任何权威，只能说她是唯一一个性交过的雌性蜜蜂。

现在让我们回到大脑皮层，那是意识产生的神经回路的重复结构。当然，不同的神经元集合成执行特定任务的回路，你可能更看重其中一个而忽视另一个，但任何类似“艾森豪威尔”的东西都是他们共同行动的结果。所以，你的大脑也许是个不够成熟的唯物主义者，也许不是。听着，我不得不放弃我粗犷的个性，让我静一下吧。

抽象的分层使我们一起做的每件事都沸腾起来。

露出牙齿成为一种受欢迎的姿态，表示威胁程度较低。当我们大笑着和朋友出去玩的时候，我们内心的“毒品贩子”让我们兴奋不已，所以，我们珍惜友谊和笑声。表情符号、你在短信中嵌入的小笑脸表情图以及脸谱网（Facebook）的“点赞”按钮，都是微笑的抽象形式。比如表情符号“:)”，最初是灵长类动物之间交换毒牙的威胁信号。

我们想要客观价值，但它并不存在。只有当我们中的一个人或一群人被很多人尊敬、恐惧、宣扬时，价值才会存在，比如意大利文艺复兴中的重要人物马基雅维利（Machiavelli）。我们让事情变得有意义。有些人、地方、东西或思想被赋予了意义，有些则没有。

我们创造的意义不必冒犯你的道德外衣，这并不意味着道德相对主义。这种单独的反馈环路呈现出许多常见的社会参数，只要你在决定哪些文化是所有文化共有的、哪些文化是你自己独有的时候格外小心，你就可以把它们视为绝对的。

既然我们已经了解了价值是如何从彼此间产生的，我们现在可以回到灰质中，试着弄明白神经元是如何将动作电位峰值从轴突传递到树突，从而产生我们大多数人都喜欢的“好”东西。

价值可能是主观的，但它不是任意的。

但首先，我要给你们讲一个悲伤的故事，让你们对我最喜欢的一章和很酷的一节有一个初步的了解。顺便告诉你，我正在启发你，这比我想象的还要让你兴奋。否则你就万事俱备了。

第八章　科学和艺术

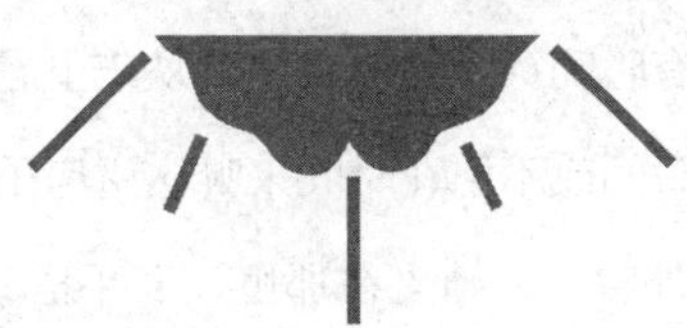

她躲进了自己的世界

她住在山上的一所房子里，房子里有许多房间，供人们度过余生，逐渐凋零。这所房子没有车道或车库，但有一个停车场。房子里面没有父母和孩子，但有护士和老人。房子外面没有邮箱，只有一个小牌子，上面写着“康复”二字，但没人康复后离开这所房子。

几年前，当她刚搬进来的时候，她喜欢和护士、医生开玩笑，但他们太忙了，没有时间笑。她过去常常从床上看过往的汽车，汽车里载着的人都没有时间或不愿花时间来听这所房子里的人的故事。她现在不再经常往窗外看了。她坐在那里，双手捂着眼睛挡住了光线。

当她还是个小女孩的时候，常常玩洋娃娃和卡车。年轻时，她曾与飞行员、士兵调情，后来和一名水手结婚。她愿意等待，乐于助人，有一次，她甚至从飞机上跳了下来。我出生的那天就遇见了她。她安慰我、照顾我。当我的母亲去上班时，她和我玩，她教我踢球，当我第一次进球时，她就在那里欢呼。

我记得她站在桌子前面讲故事。她能使男人眨眼，使女人自卑，使孩子们放声大笑。我记得大人们在小声讲故事，而我还太小，听不懂，然后，她死死地盯着讲故事的人们，让他们停止讲那些故事。

当我还是个小男孩的时候，不会念她的名字，但她不在乎。现在我甚至不确定她是否还记得这件事，太可惜了，因为这个答案让人脱口而出，就像溪水一样。

看着她置身于阳光充足的房间里，你会看到护士们走过。她们不时停下来，留下一些食物，或者偷一些她永远不会想起的衣服或珠宝。她一动不动，只是坐在自己的黑暗一隅。

你觉得，她藏起来了吗？你觉得，护士来了又走的时候她会笑吗？

她过去常常笑，如果你现在能听到她那愉快的笑声，你的心一定会高兴起来的。她教会我笑对危机，笑对悲剧。她总是随时准备着有一句发人深省的妙语，设法在温暖、洞察力和讽刺之间找到平衡。

她是否在重温过去的几十年？这就是她在黑暗一隅所做的吗？

大家都知道，时光一去不复返。她是否执着于岁月、爱人、孩子、兄弟姐妹？她是否还记得我？

我记得在她温暖的壁炉架上挂着一幅画，画的是她和一个她深爱但她现在几乎不认识的幽灵在一起。

68 年前，她住在国王大道上。她帮助伤员，清理废墟，而她的年轻男人把她的照片贴在心口上，驾船横渡英吉利海峡。

她今天早上醒来说了他的名字。在那一瞬间，乌云散去，她记起他再也没有穿过海峡回来过。现在她坐在那里，没有声音，没有动静，没有人知道她在想什么。没有人知道她的大脑里面到底发生了什么。她的生活中有那么多东西要重新体验和思考——孩子们如何展望未来，想知道他们会在哪里着陆；她想知道她飞到哪里去了吗？

她又闭上眼睛，我不知道她是不是又躲起来了。

一位护士拿着又冷又甜又容易咀嚼的冰淇淋，进来对她说："瓦莱丽（Valerie），给你。"护士小心翼翼地叫她，但这和她昨天用的名字不一样，我想，昨天是"维多利亚（Victoria）"，前天是"维罗纳（Verona）"或"维吉尼亚（Virginia）"，上周是"维奥莱特（Violet）"。

她的眼睛一听到这个名字就颤动起来，然后又想起了我。

我记得我就是那个小男孩，走到她的门口，把她的名字念错了。我记得她脸上的表情。当时她握着我的手，说："你喜欢叫我什么就叫什么，但我的名字是维罗妮卡（Veronica）。"

为了兴奋感：理解科学和艺术是相互促进的

到目前为止，在每一章的这个时候，我都已经向你们传达了开头的故事是如何指明这一章的方向的。我这次不会这么做，只是想告诉你们，维罗妮卡的故事大部分是虚构的。唯一不是虚构的地方就是，这不是别人的祖母，而是我的祖母。几分钟后你就会知道是谁了，你会很兴奋的。

这是我最喜欢的一章，因为我们终于要开始把概念整合到我们可以实际使用的工具中去了。

我们倾向于认为科学和艺术是两个完全独立的领域，有些人甚至认为它们是互相对立的学科——尽管我怀疑这些人在这两方面都缺乏经验。为了理解科学和艺术是如何相互促进的，我们需要看看是什么给这两个领域带来了价值，它们是如何表现的，它们的目标是什么。但首先，让我们考虑一下这两个领域的专业人士。

艺术家和科学家有很多共同之处。作为受过高等教育的人，科学家倾向于欣赏艺术、文学和音乐方面的经典作品；艺术家运用色彩、声音和材料，在艺术创作的日常过程中运用科学的分析方法。

毫无疑问，科学比艺术得到的资助更多，但有极少数收入高的艺术家比收入最高的科学家带来的财富要多得多，毕竟，收入最高的大学教师是足球教练。另一方面，如果你随机选择一位科学家和一位艺术家，科学家的工资可能是 6 位数，艺术家的工资可能是 5 位数。一位在实验室里埋头苦干、挖掘数据、寻找发现的科学家，或者绞尽脑汁用方程式来组合一个理论的科学家，如果她放弃研究并与工业界签约，她的薪水能在一个月内翻倍。

一位苦苦挣扎的艺术家，无论是创作小说、绘画、雕塑，还是在酒吧和咖啡馆做零工，都可以找到一份“真正”的工作，轻松地赚到更多的钱。事实上，那些自认为是艺术家的人实际上很少会以艺术家的身份交税。

科学家和艺术家们为了兴奋感而做他们该做的事。

当你偶然发现了别人从未见过的东西时，你会感到一阵兴奋、喜悦、满足，甚至是恐惧，毕竟，如果你犯了一个错误，你所谓的发现会让你尊重的每个人都知道。创作一件你内心深处认同的作品，会改变人们的观点，或者让他们欢笑、流泪、愤怒和满足，带来同样的快乐、满足、兴奋，当然，还有恐惧——因为没有人会像艺术家那样自我怀疑。

各自的纯粹：科学重视客观真理，艺术重视分享感觉

这是我对艺术最喜欢的定义：纯粹体验的升华。你认为纯粹体验是什么意思呢？对我来说，这听起来像是活在当下的冲动，真正体验存在，一种你可能永远无法实现但却总能接近的感觉。当艺术家创作一件杰作时，他把自己对世界的体验，包括世界的意义和感受、文化和政治、压迫和狂喜、荣耀和绝望，都强加给我们这些旁观者。艺术家以这样或那样的方式把我们带入不同的主观现实中，帮助我们理解它是什么样子——不管“它”是什么。当然，一个人不可能与另一个人分享自己的原始主观性。艺术家追求不可能的事，这本身就是美丽的艺术。

另一方面，科学家追求客观地描述没有个人色彩的现实，这对任何有足够能力和好奇心的生命（人类、外星人或野兽）来说都是有意义的。科学家们坚持认为，他们对自然现象的描述和预测与他们个人的观点无关。伽利略的相对论公式与牛顿的相对论相同，确保我们可以改变参考系而不改变理论。爱因斯坦的相对论也做了同样的事情，但有一个警告：无论观察者的观点如何，真空中的光速必须具有相同的值。

科学结果必须独立于科学家的情绪，对吗？

不，不完全是。就像艺术一样，科学以感觉开始，也以感觉结束。

迄今为止，神经科学的一个重要发现是：我们无法理解没有感情的任何事情。神经科学是一项基础性观察，我相信，随着该领域的稳定，只有经过微调的修改，它才能存活下来。我们在产生理解的感觉之前，必须有一种认知的感觉。

认知的感觉驱使科学家走上探索之路，但也迫使艺术家们更加努力地寻找完美的隐喻，无论是在声音、画布上，还是在石头上都一样。

科学家和艺术家都追求不可能的目标——一方面是纯粹的客观性，另一方面是纯粹的主观性——带着一种神圣的正义或一种忧郁的绝望，这取决于你的心情。尽管科学家和艺术家努力超越自己的极限，但他们只不过是抽血、挤奶、呼吸空气、又哭又笑的哺乳动物，不比躺在他们脚边的狗或乱抓家具的猫高明多少。

科学家们已经证明，真正的客观是不可能的，因为实验主义者永远不能离开实验。海森堡（Heisenberg）的不确定性原理（uncertainty principle）给出了一种精确的（我敢称之为客观的）测量最小可能的主观水平。难道不应该像科学一样，要客观地看待它的主观性吗？那些科学家真可爱。

图 21　科学家（左）和艺术家（右）

艺术不像不确定性原理。艺术家们飞向火苗，永远把“意义”提炼成“感觉”，并以更多的方式分享它，尽管他们绝对、原始的理解是：他们永远无法建立完美的联系。

这些墓志铭适合每个人，你不觉得吗？

拉玛钱德朗法则：用神经美学来理解艺术让人愉悦

与神经经济学、神经营销学、神经行为学和神经心理学一样，神经美学（Neuroaesthetics）是一个新兴的领域，声称能够引用艺术的特定特征，所以很受欢迎，甚至非常有益，因为它是“主观的，确定的，有益于每个主观的人”。

神经美学旨在确定一套指导原则，以理解艺术如何以及为何能让人愉悦，而不是什么能让人愉悦。试图找出是什么造就了一本畅销书，并不是什么新鲜事，但可以把它看作唱片公司高管和出版商的警笛鸣响的信号，而画廊老板们似乎不太在意这场争论。

V. S. 拉玛钱德朗（V. S. Ramachandran）是我的母校加州大学（University of California）圣地亚哥分校的一位教授，也是我最喜欢的神经科学作家之一。他制定了一套标准，并以神经科学为基础，解释了为什么有些隐喻会像希望之钻（Hope Diamond）一样清晰地炸开，而另一些则像花生酱三明治，需要太多咀嚼才能切中要点。

不要担心艺术之美被归结为一套规则，麦迪逊大道（Madison Avenue）可以用这些规则在血汗工厂“创造”杰作。从逻辑上讲，应用于市场营销的神经美学将会自我毁灭。新奇在价值中扮演的角色需要稀缺性，因此任何大规模生产突破性艺术的成功都将是短暂的。这有点像海森堡不确定性原理的经济版：当有人开发出一个完美的系统来预测什么东西能卖出去的时候，市场就会自我修正，从而破坏这个系统。

也就是说，从大脑结构和反应方面去挖掘成功艺术的共同元素是完全合理的，无论是绘画、雕塑、音乐、文学、工艺啤酒还是其他的事物，都可以。为此，让我们来研究拉玛钱德朗的美学九大法则吧。拉玛钱德朗博士欣然同意，他提出的一些法则似乎相互矛盾，在某些方面是多余的。他建议，我们必须从某个地方开始，而不是为这些缺陷辩护。我接受不了。

与其称之为“法则”，不如称之为“守则”。法则应该为不违反自然规律的人保留。另一方面，守则是用来打破的。

拉玛钱德朗是从梵文单词 rasa 开始的，意思与“唤起特定的反应而捕捉本质的东西”含义差不多。运用拉玛钱德朗法则来引发审美热潮的秘诀是，在几乎相互矛盾的概念之间保持平衡。

（1）分组法则

一件作品中的共同主题可以渗透模式和工作内容的线索，而不是在你面前哭天喊地。在绘画中，你会发现同样的颜色到处重复；旋律是建立在一段即兴重复的乐段上的，它以不同的音阶和不同的重音重复；主题给文学注入了深度，强化了大众科学的概念。视觉上，分组让人眼前一亮，呈现规律性，并从幕后构建到整体。

考虑一下这个非常简单的拼图吧。

图 22　图画碎片

当你查看这些碎片时，你的视觉处理器会独立地检查每个碎片。你的左脑比较这些碎片，搜索边缘以确定它们是如何相互连接的；你的右脑被这种不和谐的感觉惹恼了，不由自主地后退一步去思考整个问题。信号在左右两派之间传递，好像在辩论各个部分与整体的突出程度。动作电位在你的感官和符号处理器之间几乎是随机产生的，直到你意识到整体。那一瞬间，它们开始以连贯和同步的共振方式发射，你可以看到这些碎片是如何组合在一起的。

当你破解一个拼图时，愉悦的感觉来自随机和连贯的神经活动之间的转换，也就是说，从不和谐到和谐。

分组来自我们对模式的识别能力的微调，即使模式是隐藏的也无妨；也就是说，看穿伪装。由于这种能力使我们能够在树上找到苹果，发现隐藏在巨石后面的剑齿虎，并能从相反派别的政客那里识别出谈话要点，因此它能带来满足感。就像人类做的其他事情一样，我们从更抽象的分组中得到了同样的兴奋感：通过在文学中使用遵循共同主题的隐喻；同样，在艺术、时尚和设计中精心定位的颜色；以及扩展即兴重复乐段的复杂性的旋律。创作者将旁观者吸引到图像、结构或歌曲的某些特征上；模式越复杂，满意度越高——只要我们能从不和谐过渡到和谐就可以。

你可以看到艺术家在作品中分组复杂模式所冒的风险。文学中的“果汁”来自于把读者带入角色的体验中，而当作者后退一步，让读者解读眼前的世界，解决它的问题、破解它的奥秘时，“果汁”会变得更加甜美——但是，如果作品不清晰，读者必须暂停下来，翻回几页去寻找答案，那么，他们很可能会把书扔在一边。如果太过复杂，它会像齐柏林飞艇（Led Zeppelin）[①]一样崩溃；但只要把握好，它就会像齐柏林飞艇一样翱翔。

图 23　完整的图画

现在让我们来看看拉玛钱德朗在科学背景下的分组法则吧。

科学始于假设。科学家们不再为一个假设是否合理而烦恼，而是向前迈进，他们知道自己的一些假设是站不住脚的，他们必须解

①齐柏林飞艇：英国摇滚乐队。

决这个问题。不过没关系，他们喜欢处理事情。也许最好的科学分组的例子是元素周期表。100多年前，量子理论解释了为什么某些元素具有类似的行为，比如，碳和硅，氖和氩，银和金，炼金术士和早期的化学家根据元素的相似之处进行归类。即使原子理论解释了共同主题的起源，群（groups）和子群（subgroups）中的模式也有助于原子理论的发展。

在20世纪上半叶，核物理实验产生了数百个粒子。理论家们利用群论（group theory）的数学原理来为所谓的粒子动物园提供秩序，他们利用这些模式产生了夸克模型（quark model），比夸克的发现早了近10年。我说这话时带着庆祝的神气——我怎么能放弃用群论作为分组的例子呢——但在我的内心深处，我想知道我们对群体事物的偏见是如何指导我们对自己做了什么却全然不知的。

（2）峰移法则

我们喜欢在马提尼酒里加点花样，我们喜欢定型文胸，我们喜欢大块肌肉，我们喜欢紧身牛仔裤，我们喜欢特别强调我们喜欢的东西。我们给食物调味，以便尽可能多地品尝；我们使用香水；我们把闪亮的金属和宝石戴在身上，有时甚至以割伤皮肤为代价；我们当然喜欢啤酒，但我们也喜欢苏格兰威士忌。我们决定，黄金——具有无可挑剔的光泽的黄金，将成为我们价值的象征，它是柔软可塑的稀有金属之王。

我们似乎倾向于享受一些“过量”：是一切事情过量，但不是一切细节过量。

峰移（Peak shift）激发我们的小狗脑，使我们的费曼脑更容易抓住我们喜欢的特征。过分强调一个物体的某些方面会激发这些物体在我们内心的模型，并赋予它们运动和现实。

我们所看到的每一种颜色都是我们眼睛所探测到的三种原始颜色的组合。峰移强调的是原始、基本、神奇的部分，以及赋予事物存在的各个方面。当你看到峰顶时，你就能弄清剩下的了。这里的"峰"就是山峰的原意。

抽象艺术把山峰和物体本身分开。数学把山峰的自然原理和现实分开。

拉玛钱德朗的神经美学法则是峰移的"画中画"的一个例子。当这九大法则被简化到能解释所有美学的最小坐标数时——好吧，如果事实证明九大法则是正确的，如果我们最终发现了美学中的红、绿、蓝三种基本类型——那么，这些坐标本身就是美学的审美顶峰。这不仅仅是人类的美学。在20世纪50年代，尼可拉斯·丁伯根（Nikolas Tinbergen）用海鸥做了一系列实验。首先，他发现饥饿的海鸥幼崽会把注意力集中在海鸥妈妈嘴上的一个小红点上。当海鸥宝宝啄妈妈嘴上的小红点时，妈妈就会喂宝宝。于是，丁伯根博士做了一个小木偶，小木偶长着一个黄色的嘴和一个小红点。海鸥宝宝啄红点，他就喂它们。然后，他将这个有嘴的小木偶换成了一根有小红点的棍子。同样的，海鸥宝宝啄小红点，他就喂它们。当他把这个小红点做得比任何海鸥妈妈的小红点大得多后，海鸥宝宝们变得非常兴奋，不停地啄着，那姿态宛如在点头感恩。然后，他迎来了实验的高潮。这次，他没有画小红点，而是在棍子上画了三条红条纹。虽然它看起来一点也不像海鸥的喙，但海鸥宝宝们都疯狂地啄着。丁伯根博士找到了“顶峰”，海鸥宽阔的肩膀、海鸥的乳沟、海鸥的蜡烛和香槟酒。海鸥宝宝们得到了小点心，丁伯根获得了诺贝尔奖。

科学是建立在峰移的基础上的。物理学的全部目标是确定底线，即支配宇宙如何运行的原始规则。牛顿定律是运动的一个抽象顶峰。

（3）对比法则

我们的视觉处理器首先要寻找边界。

边界越亮，我们就能更快地识别出模式，而模式就越容易转化为意识。当作者从一个宁静的场景切换到一个动作戏的场景时，他会突然从接近角色观点的隐喻性强的长句子，转变成让动作来讲述故事的简单尖锐的短句子。争论依赖于正反对比。宇宙中有物质和反物质，而物质比反物质多得多的事实让物理学家抓狂。

浑浊的红色背景下的深橙色与明亮的红色背景下的亮橙色看起来一样，但是，深橙色在蓝色背景下看起来会更亮、更好看。

有些颜色搭配得很好，色值很配，比如，黄色和紫色，红色和绿色，橙色和蓝色，银色（白天）和黑色（黑夜），苹果和树，花和天空……天哪，太般配啦！因为它们互相强调。这些颜色利用了我们的颜色探测器湿件的起点。自然选择使红色和绿色很好地搭配在一起，所以，这样搭配的食物看起来不错，而不是圣诞装饰。

在音乐中，和弦是不同音符的组合，这些独立的音符总是可以很好地结合在一起。3~6 个不同的音符组合在一起的方式令人愉快，类似于颜色配对的方式。不同音符的组合产生不同的听觉体验，两个靠得很近的音符以相邻音符的不同频率产生节拍。大多数文化都觉得不和谐的节拍很烦人。如果组成和弦的音符有足够远的频率，以至于我们的频率检测耳蜗无法检测到节拍频率，那么，这些组合往往可以巧妙地合成一个辅音集合。音乐家把悦耳的和不悦耳的声音组合起来引起某种反应，以此来操纵他们的听众。

当分组法则是指广义上的分组（不一定是相邻的）时，对比法则强调两个相邻的特征。每种类型的艺术家都要学习如何使用对比法则来将你的注意力集中在他们想要的地方。

在科学中，对比导致发现。信号往往被噪声所掩盖，当然，一个男孩的噪音可能是另一个女孩的信号，但是，发现新事物的诀窍在于以一种最大程度对比的方式观察一组数据。科学家和工程师设计设备是为了在他们想要看到的、他们还不理解的和他们忽略的东西之间提供尽可能大的反差。生物学家使用染料来区分细胞结构。我们从模拟信号转换到数字信号的原因很多，但最大的原因是对比，让数字信号比噪声信号高一级。

（4）孤立法则

一张简单的草图，一个简单的轮廓，诉说故事的一笔一画和一个音符，一个被一种情绪所征服的人，所有这些都需要关注，并留下深刻、持久的印象。

为了吸引你的注意力，艺术家要做的是：要么给你的大脑一些意想不到的东西，让它从你的自下而上的无意识思维的并行处理器中“沸腾”起来，要么敲出一个非常清晰的音符，让你不必把它的各个部分组装起来就能理解整体。作品的孤立特征可以吸引旁观者的注意力，并简化观点。

简单、孤立的物体之所以能产生共鸣，是因为它们很容易与我们储存的可识别的模式相匹配，也因为它们很容易理解，它们似乎更大声、更明亮、更典型，但实际上并没有更大声、更明亮或更典型。

拉玛钱德朗的峰移法则依赖于夸张，而孤立法则依赖于简单。

理解宇宙是困难的，因为有太多该死的事情在发生。简化论（Reductionism）是一种孤立的形式。通过隔离系统的组件，我们有机会了解复杂的系统。更重要的是，当我们真正理解某件事时，也就是说，当我们有一个完整的数学描述，能够准确地预测一个系统所做的一切时，我们仍然需要一种方法来真正从概念上理解它。我知道这听起来有多愚蠢，但无论物理理论的真相是什么，都存在于数学预测中，有时，将一个概念翻译成语言，会留下关键的细节。

孤立法则提供了严谨描述、粗略摸索、经验法则、启发式描述等强大工具，可以帮助我们将一个复杂的理论内化为一个令人满意的概念。一旦我们有了这个概念，就能对事物如何运作产生直觉。没有孤立，一个数学理论就不能提供理解的满足感，毕竟，认知的感觉就是科学家们起初各自“找对圈子”的原因。

（5）躲猫猫法则

躲猫猫法则是另一种吸引别人注意的方式，这次是轻描淡写。这是一个非常强大的概念，你会掌握一个词语：脱衣舞。

世界上最大的剧院没有麦克风、放大器或扬声器；相反，它们有很好的音响效果。好的音响效果不会使声音更大；而是使声音更清晰。讲故事的人和舞台导演都明白轻声细语的价值，这样可以迫使观众格外集中注意力。当艺术中嵌入一个简单而微妙的谜题，节奏中隐藏一个吉他即兴片段，树干或池塘中出现黄色漩涡，小说中添加一个古怪的小角色或线索时，旁观者就会被吸引进去。

小说家通过暂停故事情节和隐瞒信息来制造悬念，以吸引你的注意力，有时甚至你自己都不知道。俗话说：让他们笑，让他们哭，但也让他们等待。

当诱饵上钩时，我们会仔细观察，这意味着我们的注意力被唤起了。

与孤立或对比不同，躲猫猫法则通过隐藏物品和参与歌曲、故事、绘画或结构来吸引你的注意力。额外的关注需要你付出一些努力或进行一项投资，当你投资某样东西时，你会觉得你需要拥有它。

孤立法则会吸引你的注意力，但是躲猫猫法则会用一些暗示来吸引你靠近它。当你“明白”时，孤立法则会给你带来自上而下的有意识思维的即时满足感；躲猫猫法则让自下而上的无意识思维的并行处理器参与进来，它会暗示一些东西，产生足够的不协调来吸引你，但不会让你感到困惑。如果你“不明白”，孤立法则就会失败；但是，躲猫猫法则更有效。脑部扫描显示，当我们没有意识到焦虑的原因时，焦虑会更严重。挥之不去的焦虑和疑惑正中艺术家的要害。

科学家们以他们的能力为傲，他们能够以前所未有的微妙和精细来解决问题。1962 年，在加州理工学院（CalTech），理查德·费曼在大一物理课上讲的一套三卷的讲稿是历史上最畅销、最受欢迎的物理教科书。他以清晰而简单的方式解释事情，但不向读者灌输细节，费曼留下了很多让读者自己琢磨的东西。

（6）厌恶巧合法则

你的大脑会在传入的数据流中梳理模式，当你找到一个模式时，你的胡说探测器就会为任何可疑的东西做好准备。我们的祖先花了很多时间在森林、山丘和高高的草丛中寻找食物和躲避食肉动物。食肉动物想让我们感到舒适、肥胖和懒惰——措手不及，因此，当我们遇到一些好得令人难以置信的东西时，比如，空旷的空地中央的一个平静、清澈的池塘，我们就会产生怀疑。毕竟，我们当中那些直接走入陷阱的人从来没有得逞过，所以，我们这些幸存者都有事先准备好的胡说终结器。

一幅提供独特而非看似普通或随机的观点的绘画或雕塑，必须暗示额外的背景，以某种方式使这种特殊的取向合理化，否则它看起来就会很假、很做作。马克•吐温（Mark Twain）在《赤道纪事》（*Following the Equator*）中说过："事实比虚构的更离奇……真实比虚构更古怪，因为虚构总受限于可能性，而真实不会。"惊人的巧合在小说中是可以接受的，但在回忆录中却不行。

在科学上也一样。当事情配合得太好时，我们就会产生怀疑，然后开始研究。

物理学被"自然"和"微调"问题所困扰。爱因斯坦的宇宙常数（cosmological constant）激怒了物理学家近 60 年。宇宙常数似乎是零，精确到令人疯狂的程度，这种精确程度让物理学家们感到困扰。"零"意味着宇宙是"平坦"的，这很烦人，让它永远在它所有的荣耀中膨胀，或者最终放弃和崩溃，跨坐在永远单调和静态的跷跷板上吗？真恶心。在 20 世纪 90 年代末，"暗能量"（dark energy）

的第一个证据出现了，暗能量要求宇宙常数是一个正数，一个膨胀的宇宙。没有人知道暗能量的来源，结果不断累积，增强了正的宇宙常数。我们可以有把握地假设，宇宙学家将继续处于令人不快的喜怒无常状态，直到他们解开这个谜题。

巧合会导致你的妄想症左脑和专横症右脑之间的不协调。你的左脑对一个巧合非常满意——它甚至不需要思考！但你的右脑不相信它。当你的大脑的两个半球不协调时，你就不能放松。巧合很糟糕。

（7）有序和对称法则

拉玛钱德朗把有序性和对称性作为美学的独立法则加以区分。我不喜欢把西红柿切成太小的小块，以免西红柿种子撒的到处都是。对称性似乎是有序性的一个特例，所以，我们把二者放在一起考虑吧。

完全符合我们预期的感觉提供了节奏。节奏不会唤醒我们，而是让我们放松。

当有人要你把自己的东西收拾好或者放到某个神秘的地方，也就是“它的归属之地”时，这是一个捉弄你的把戏。不要拿起任何东西，只要旋转它，使它与房间里的其他物体平行或垂直，杂乱的饭桌、书桌或壁炉，即使上面的垃圾和以前一样多，也会显得整洁。

任何一件艺术品——丰富的音乐，有质感的小说或诗歌——都需要背景。这些背景提供了对共同主题进行分组的环境，提供了一个分离特征或转移峰值的地方，在这里可以出现对比，也可以隐藏谜题。我们不能关注每件事，但我们需要语境，而缺失有序性的语境需要太多的关注。所有提供背景的东西都需要放到背景中。这就是我们讨厌爵士乐的原因。严重吗？用刷子代替鸡腿看看？

正如我所说，这一切都归结于可预测性。因为你的现实流动是基于你如何从过去预测未来，所以，“好”艺术有目的地打断我们的节奏。旋律的规律性能抚慰灵魂，干净是虚无缥缈的，稳定的后拍能把爵士乐变成摇滚。

人们把美丽与对称联系在一起。拉玛钱德朗通过指出我们是对称的来解释这一现象。我们吃的动物，以及那些想要吃我们的动物，也是对称的，所以，我们很自然地选择去注意双边对称的事物。此外，对称性破缺（broken symmetry）可以表明疾病的存在，而疾病并不具有吸引力。也许大自然在她的自画像中使用对称性破缺来吸引我们的关注，并戏弄我们。

对称性在艺术中提供了一种方式，掩埋了人造物品，丰富了背景。同样，小心翼翼地打破对称性，可以将你的注意力吸引到艺术家想要的地方。

有序和对称法则在科学上有点过了头，这表明穿着实验服的人可能很挑剔。

物理学家在更高的抽象层次上要求对称。你可能听说过“超弦理论”（superstring theories），也许有一天会发展成“万物理论”。超弦理论是建立在对称的抽象概念之上的，而超弦的第一个证据将是超对称性（super-symmetry）的发现。

科学方法是建立在牛顿第一推理法则的基础之上的，也被称为奥卡姆剃刀定律（Occam’s Razor），这是一种巨大的实用主义偏见：当对一个现象有不止一种描述时，我们假设最简单的描述最接近事实。也就是说，我们使用的理论建立在最少数和最直接的假设的基础之上，直到它崩溃。我们更喜欢简洁优雅的理论，而不是烦琐复杂的理论。

科学发展已经很棒了，但我很好奇，我们对简单的偏见是否会导致我们掩盖混乱的现象？这里有一个关于粒子物理学的例子：大把的钱花在了高能实验上，这些实验能够做出重要发现，试图调整我们对物质和能量成分的理解，在这个过程中，我们留下了许多复杂的系统，好像我们对此不感兴趣。

将核反应中形成的粒子进行分组，形成夸克模型，从而发现了夸克；首先是“上夸克”“下夸克”和“奇异夸克”。在这三种最常见的夸克之后，人们开始寻找更多的夸克。我们继续努力，在1974年发现了“魅夸克”，在1977年发现了“底夸克”，在1994年发现了“顶夸克”。在那20年的时间里，我们几乎没有花那么多精力去理解前两种夸克(上夸克和下夸克)是如何形成中子和质子的，以及它们在原子核中是如何结合在一起的。

我并不是说，物理学应该放弃对自然关键要素的追求；我只是想知道，我们对有着整齐的解决方案的谜题的偏见，是否会像我们对整齐分组的欣赏一样，阻碍我们前进。

（8）隐喻法则

如果事情开始像滚雪球一样发展，它可能真的会着火——有些隐喻比另一些更有效。

使用形容词和副词的描述比隐喻更准确地描绘了一个场景，但是，一个精心制作的隐喻在传达情绪、色彩以及作者所分享的任何细节方面会做得更好。“我女儿的头发略带红色和深棕色”和“如果把一棵有2000年历史的红杉树的树皮纺成丝，那就是我女儿的头发颜色”，你认为哪一种更能说明问题？

蜡烛是生命、死亡、记忆和我们与过去的联系的绝妙隐喻：“一支燃烧着的蜡烛”“一束刚刚熄灭的火焰”，或者“他的蜡烛的蜡快用完了”。

现代雕塑和抽象形式只不过是隐喻而已。

在音乐中，节奏、高低音混合、旋律的复杂性、和声和节奏合成的复杂的听觉隐喻，将音乐家的感受、场景和经历与听众联系起来。漫长而断断续续的布鲁斯乐段传达出忧郁；快速而高音调的朋克音乐转化为原始而欢快的能量；重金属和弦将魅力注入重金属乐爱好者的心脏。然而，这些声音都与它们所传达的信息没有任何关系，是不是呢？

拉玛钱德朗认为，隐喻产生一种联觉效应，即不同感官之间的串扰。隐喻使用一种意义来描述另一种意义，比如把城镇涂成红色、调亮一种颜色、品尝生活的苦味等等，会刺激那些感官的神经元。当隐喻中使用的感官处理中心实际上靠近被传达的感官或感觉的处理中心时，你就得到了有效的隐喻。如果它们距离太远，你就会感到困惑或产生双关语。

隐喻是一种高层次和低层次同步的交际手段。

在第六章中，我们讨论了联觉作为横向思维的一个真实例子。当隐喻发挥作用时，它们将不同的处理器联系在一起，将触觉、嗅觉、听觉、视觉和美味的图像与情感联系在一起，形成一种直接的联系，从而减少或消除了对文字的需要。

“那艘船已经启航了”产生一个画面：机会越过地平线，进入夕阳，然后遥不可及。什么机会？任何机会。对约翰尼来说，弹吉他就像摇铃一样容易。

我们在科学中使用隐喻来理解事物是如何运作的。核糖体（ribosomes）是细胞的组成部分，通过编码氨基酸的遗传配方以正确的顺序合成蛋白质。我知道这一点是因为 30 多年前，我的生物学教授把它们描述为磁带录音机上的“小脑袋”。你们可能会问：“磁带是什么？”我可能会回答：“是基于薄型卷状的录音带的模拟存储技术。”你们可能会回应：“这种古老的技术在某种程度上能帮助你记住核糖体是如何合成蛋白质的吗？”我会说：“是的。”

隐喻将你大脑中经常出现的一种模式（一种容易检索的关联）与类似的模式联系起来。核糖体复制序列，记录和播放蛋白质就像磁带录音机记录和播放音乐一样。我将树皮和丝绸的纹理、古代生命形成的宏大地位和头发的共同点来进行类比，从而描述我女儿头发的颜色，用蜡烛的火焰通过灯芯不断燃烧蜡，来描述我们几十年的意识之间的脆弱关系。

做科学意味着弄清楚事物是如何运作的，但我们只能用有定义的术语来理解事物。有定义的术语是我们已经知道的模式。在第六章中，我使用了河流和峡谷形成的隐喻来传达专注分析和开放创新的优缺点。

更重要的是，在科学教学中，我们能挥挥手给出启发性的描述。我们使用孤立法则将一个概念从上下文中提取出来，赋予其定义，然后再将其放回到上下文中。当理解的过程涉及隐喻时，学生们就能理解。我们都是学生。

也许有史以来最好的例子就是费曼图。

在理查德·费曼理解量子电力学之前——非常小距离的电和磁——在量子场论（quantum field theory）中，预测电子如何相互作用需要几个星期，有时甚至几个月的计算。然后，费曼画了他如何描绘物理过程的图表。让我们在这里停一下，因为在最后一句话中有一个重要的隐喻：他描绘了物理过程。若要真实地描绘某物，它必须在光谱中辐射或反射光，对吧？这就是图像如何进入我们的眼睛，进入我们的视觉神经，进入我们的大脑的过程。费曼通过隐喻的一个额外层来可视化这些过程，并在这个过程中发挥了神奇的作用：他提供了观念性理解，也加速了这些计算的方法。他发明了费曼规则（Feynman rules）。

下面是两个电子相互作用的最简单的费曼图。

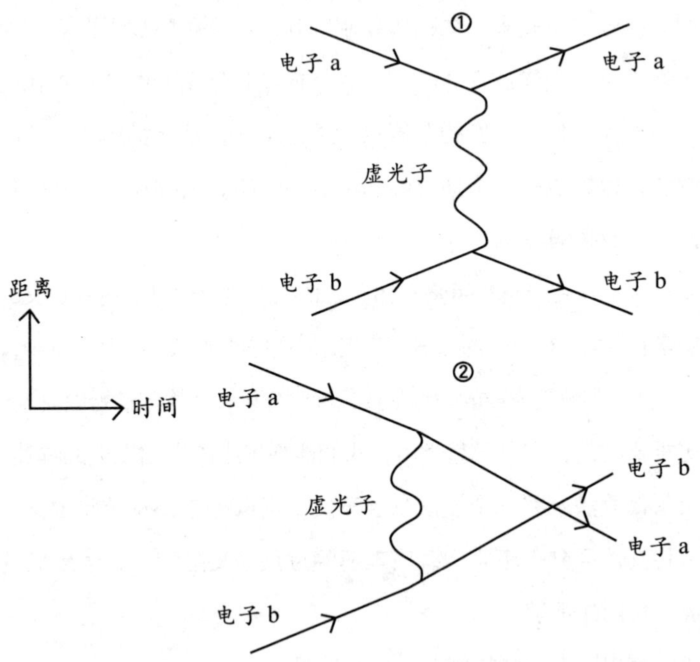

图 24　两个电子（①和②）相互作用的一阶“费曼图”

在这些图中，时间从左向右流动。这两个电子由相互靠近的实线表示，一个从底部向上，另一个从顶部向下。然后它们交换一个光子，这是一个微小的量子光，由弯曲的线表示。

回看一下第一章的内容。还记得斯黛拉和彩虹吗？她对光的一阶理解是光明或黑暗，然后，她对彩虹光谱的二阶理解是什么呢？以此类推。还有电子的二阶、三阶……N 阶相互作用的费曼图，每一项的计算都更加精确。

（9）模糊法则

模糊性不是拉玛钱德朗的神经美学法则之一，我们不需要模糊的东西来吸引人，尽管它确实在艺术中发挥作用。另一方面，科学可以被描述为消除模糊感。

拉玛钱德朗的峰移法则、孤立法则和躲猫猫规则都以不同的方式认识到平衡对比度和歧义性的价值，从而激发旁观者的内部模拟器。要求旁观者解决细节，迫使他在自己的语境和生活中完成作品，从而找到意义。

下面两幅图（图 25）要求你做一个选择。

在图 a 中，你可以看到一位老年妇女或年轻妇女，你可以来回切换，但你不能同时看到两者。在图 b 中，你必须从小点点中解码斑点狗。一旦你看到这只达尔马西亚狗，你就不能视而不见。但一旦你解决了这些图像，模糊感就消失了，它们吸引你的潜力也消失了。

伟大的艺术仍然需要你的参与，唤起你的感觉，鼓励你继续探索。

图 25

图 a 我们不能同时看到老年妇女和年轻妇女，但我们可以来回切换

图 b 一旦你看到一只达尔马西亚狗（俗称斑点狗），你就不能视而不见

音乐的力量：请欣赏《维罗妮卡》带来的预测和惊喜

紧张和放松，敬畏和快乐，音乐的力量提供了一个完美的例子：让人预测和惊喜的旋律相互作用，使艺术的力量感动我们，真实地感动我们，让我们歌唱、舞蹈，伴随强劲的摇滚乐猛烈点头，拿起空气（想象中的）吉他，用力敲打。

埃尔维斯·科斯特洛（Elvis Costello）[①]的歌曲《维罗妮卡》（*Veronica*）包含了所有必要的元素。不是把我的口味强加给你；虽然《维罗妮卡》是我最喜欢的 20 首歌之一，但我选择它是因为它的

①埃尔维斯·科斯特洛：英国摇滚乐歌手。

组成部分易于辨认，而且它可能不是一首需要反反复复地播放的歌曲。所以，你可能并没有对此感到厌倦。此外，如果我假装有资格成为一名音乐评论家，那我俩都不能板着脸。

作为一种艺术形式，音乐先于一切。我们在讲话之前就有音乐。鸟类和其他哺乳动物欣赏音乐，但不欣赏绘画或故事，尽管鸟类确实对雕塑有一些喜爱。

下面解释一下音乐的作用吧，我们来听听《维罗妮卡》。

（1）音乐之迷

音乐不需要吸引你的注意力，不管它是否会升华为意识，都会抚慰你内心的野兽。就拿音乐制作人来说，他们要求词曲作者用一个牢固的钩子来打开听众的内心。抚慰是一回事，它会让你入睡，但《维罗妮卡》是这样一首歌：对着月亮嚎叫，向虚无和万物呼喊，拥抱和哀叹存在于无限可能性中的纯粹有限性。

音乐是声音，压缩空气的频率在20~20000Hz之间——记住1Hz是每秒1次振动。吉他的上弦，也就是低E弦，以82Hz的频率振动。将原始数据转换成眼泪需要大量的加工。这些成分——音量、音高、节奏、旋律、和声和歌词——同时在大脑的不同区域进行加工，并以连续的多维序列重新组装。你的小狗脑理解你的情绪基调，它变得快乐、悲伤、苦乐参半，或者与歌词无关的委婉。

就像生活本身一样，一段丰富的旋律会带来期待。你知道接下来会发生什么——合唱，即兴重复，低音部分。一连串的小惊喜、旋律的转移，让你情绪高涨或忧郁，然后，就像一场正在展开的胜利或危机，突然的离开吸引了你的注意力。就像在生活中一样，胜利给你一剂催产素，你就会高涨；危机会吸收催产素，忧郁会淹没你。最终，旋律又回来了，你进入了一个稍微不同的节奏；凭经验与原旋律平行但分离。

旋律的顺序与和声的转换为特定的解决方案设定了期望，然后延迟或颠覆它：放松—唤醒—紧张—放松—唤醒。从音乐家到舞者，从碎纸机到重金属乐爱好者，从朋克到朋克，从心碎的艺术家到心碎的旁观者，都是心灵感应。我们的大脑反映了艺术家的意图。在现场表演中，你可以从舞台上感受到观众来来回回的反馈，从空气吉他手到摇滚音乐会上的舞池，一个积极的反馈环路建立起来并稳定下来。像布鲁斯·斯普林斯汀（Bruce Springsteen）[①]这样的演奏者就是善于建立那种联系的大师。

你有没有注意到，当你听了几遍某首歌之后，就会更加欣赏它。当你知道这首歌的时候，精心组合的、有序而对称的旋律可以填充背景，它的对比、孤立和峰移可以引导你的注意力。伟大的音乐把你的本能和青蛙脑拉回到野外，模拟你史前辉煌时期的声音。

所以，让我们调高一首好歌吧。

（2）音乐中的故事和情绪

我认为，《维罗妮卡》最好是一个人听，因为它讲述了一个我们都害怕的结局和我们都珍惜的旅程，这是一个非常悲伤而又奇妙的悲伤故事。

---

①布鲁斯·斯普林斯汀：美国摇滚乐歌手。

《维罗妮卡》是埃尔维斯·科斯特洛与保罗·麦卡特尼（Paul McCartney）合作创作的歌曲，这是一首献给科斯特洛的祖母的颂歌。我以自己对这首歌的想象而开始了这一章的创作。

我想让你连接到你最喜欢的音乐网站，从埃尔维斯·科斯特洛1989年的专辑《斯皮克》（*Spike*）中购买《维罗妮卡》。如果你不想花钱的话，赶快去youTube.com上搜索猫王的《维罗妮卡》吧。有一个音乐录影带，但不要看！让我们专注于音乐，当然你可以在自己的时间里看任何你想看的节目，但现在我们的时间表需要同步。我们需要所有曲目的专辑版本——从科斯特洛的声音到麦卡特尼的低音，再到双簧管或低音管（我不知道是什么乐器，也许是键盘的效果）。

首先，闭上眼睛听整首歌，然后，我们将通过拉玛钱德朗法则的镜头来关注它的效果。

准备好了吗？按下“开始键”。

它以强烈的旋律开始。我们的右脑在几秒钟内就能捕捉到情境，并通过皮质传递期望。歌词唱得很快，声音轻快清新，跌宕起伏，伴随着摇滚节奏的悦耳旋律。但是，当我们领会歌词的时候，矛盾就产生了。在旋律中，第一声前奏，不仅仅有无忧无虑的摇滚乐，还有歌词来了：“……黑暗中那个地方发生了什么……”故事又发生了一个转折。

第一节结尾的一小段双簧管（还是低音管？）的即兴演奏，不到20秒就能看到旋律，与基本旋律形成了简单而悲伤的对比。下一节保持了科斯特洛的“新浪潮风格”，与我们的预测一致，但现在我们的右脑处于警惕状态。第二节快结束时，25 秒左右，钟琴响起来了，这是一个低调、孤立的漩涡，预示着背景的又一转变。

然后，唱了半分钟，副歌爆发出了对星星、宇宙、一切和虚无的呼喊。科斯特洛的高音和轻快的哀鸣节奏把旋律带到了一个不同的地方。我们不能理解歌词，也不需要歌词。使我们走到这一步的欢快摇滚乐与悲伤形成鲜明的对比，从我们的突触中吸回催产素，让忧郁侵入我们的灵魂。当我们放声大哭，感觉脊梁在颤抖时，也许会有一滴泪落下，第十次听比第一次听更有可能落泪。然后，我们在试图理解合唱歌词时遇到的困难引起了我们的注意。万事俱备，你能破译的下一首歌词就是答案——“维罗妮卡”。

现在，这首歌开始不到 50 秒的时候，我们又听到了一小段“叠加”，一种让一切都变得更柔和、更容易接受的“嘀嗒嘀嗒”孤立感——孤立法则。但另一个峰移法则来了：鼓声停止，你放松下来，科斯特洛在哭泣，钟琴在演奏，小军鼓把我们唤醒到之前的和平时刻。砰！反拍让我们重新回到旋律中——分组法则。我们就像从心碎中走出来，知道尽管失去了一切但还得继续，我们平静下来，继续前进。这里没有巧合，只是回到了时间的长河中，无法避免体验的连续性。

下一节呈现了一些模糊的画面，有怀疑、狼和疑惑，然后，那个低音管（还是双簧管？）又回来了，只是玩了一点躲猫猫法则，挑逗我们，让我们觉得我们要去某个地方。下一节，大约在 1 分 10 秒时开始叙述，描绘了一个女人的生活：她的丈夫 65 年前奔赴战场的画面。该死的双簧管（还是低音管？）在旋律上描绘了足够多的忧郁对比，以加强有限生命的“时间胶囊”本质的怀旧感觉，但不至于让我们陷入忧郁。不，他在救那个混蛋。

现在，还不到 1 分 25 秒，旋律就发生了戏剧性的转变。随同“保罗爵士”麦卡特尼一起，鼓手切换到中场休息，把我们从怀旧的昏迷中踢了出来。峰移法则警告我们，这一节的维罗妮卡的生活结局并不好，因为下一节的歌词证实了这一点，但这一节的歌词终于有条理，可以理解了。

唱到一半时，旋律几乎要停止了，两声尖锐的鼓声形成了鲜明的对比。但正是这一段缺失的节拍，将我们带入那高亢、哭泣的合唱，而歌词我们至今仍无法理解。忧郁又一次笼罩着我们。当我们听到她的名字“维罗妮卡”时，我们的心情稍微缓和了一些，然后，我们又回到了紧密组合的摇滚旋律中——只是，没那么快。这是同样的旋律，但更安静、更古老、更悲伤。这次的合唱不同，没有陷阱，只有低沉的踏板鼓，这就像我们预测的旋律，但孤立法则足以把我们拉出来。

现在，2 分 10 秒，在维罗妮卡生命的尽头，我们和她一起住在疗养院。科斯特洛从他标志性的“新浪潮”低声吟唱中后退了一步，用对比把我们吸引进来，用孤立法让我们保持警惕，不是警戒，也不是恐惧，而是对不可避免的事情的预期。他将自己柔和、安静的声音与“安静和静止”的歌词组合在一起。

护士和护理人员叫她的名字，但不是她的名字，不是维罗妮卡。现在，他的声音如此轻柔，以至于我们怀疑这首歌是否已经结束，他又让我们再次进入另一个峰移时段。小军鼓响起，我们又回到了苦乐参半的怀旧中。他把她现在的样子和过去的样子作了对比，我们被带回了过去，回想起她的幽默感和她是什么样的人。

现在，当钟琴探入的时候，听起来令人愉快，与之形成鲜明对比的是，我们所经历的悲伤之旅即将结束。合唱第三次出现，我们看到它来了。哭泣变成了宣泄和悲伤，而且有序并可预测，但在某种程度上，忧郁让悲伤变得无所谓。

3 分钟就搞定了上面这些内容，天哪。

（3）音乐共振

当你拨动一根弦时，你刺激了一个音符。该音符被放大器或原声吉他的空心体（谐振腔）放大。声音出来，再刺激弦，弦再刺激音符，以此类推——持续的音符的积极反馈环路。如果没有空气阻力和摩擦力的消极反馈，它将永远存在。

那种被一首歌吸引或被一件艺术品吸引的感觉就是持续的神经回路。你的音频处理器首先将旋律中的音符和故事中的歌词联系起来。迈向更复杂的一步，你会把这首歌和经历联系起来。这首歌对你的影响越大，它产生的联想越多，你的大脑就会产生越多层次的感觉，你的心脏就会越充实。这种支撑激发了你。歌曲结束后，它还会继续，直到一些像垃圾一样烦人的消极反馈把它压得粉碎，比如，银行手续费。

追求兴奋感：科学和艺术相互反馈的实际表现

就像我在章节标题中使用的其他二分法一样，科学和艺术是相互反馈的。科学需要艺术，艺术需要科学。一个方面的进步往往会带来另一个方面的进步，而两者之间通常会有一些工程互动。摄影技术导致了抽象艺术和X射线的发现。电视剧《星际迷航》（*Star Trek*）中的通讯员影响了手机的设计，在智能手机问世之前，麦考伊博士（Dr. McCoy）就对三录仪进行了诊断。

我们对音乐的热爱需要录音和放大技术。电子放大器使神经学家能够探测到构成我们思想精髓的微小电信号，使吉他像喇叭一样响亮，让我们摆脱了大乐队，并引入了四人摇滚乐队。思想、观点、故事和宗教都导致了印刷和信息技术的发展，这些技术通过古腾堡（Gutenberg）的印刷机和贝尔纳斯—李（Berners-Lee）的万维网（World Wide Web）等发明，周期性地破坏文化。加州理工学院的广义相对论理论家基普·索恩（Kip Thorne）帮助一位电脑生成图像艺术家为电影《星际穿越》（*Interstellar*）创造了黑洞，并在这个过程中提出了思考引力的新方法。

科学和艺术的实践并不是像天赋和技能那样被编织在一起，而是有很多共同之处，但也有很多不同之处。

如果你拥有一份好工作，其实和其他工作一样，它们也可能很无聊。

让我们面对现实吧，当米开朗基罗用一块大理石雕刻大卫时，他的大部分时间都在凿石头。日复一日的苦差事可能与砖瓦匠的经历并没有太大不同：很多灰尘和污垢。凡·高可能是吃了含铅油漆而中毒，他嚼着画笔，就像一个无聊的三年级学生啃木头铅笔一样。发现希格斯玻色子（Higgs boson）需要几十年的电缆布线、焊接电子设备和调试软件的过程，还需要几个月的时间来琢磨数据中诱人的暗示。音乐家们花费数年的时间来写歌，调整节拍，然后在录音棚和观众面前反复演奏。

事实上，科学和艺术的实际表现和大多数其他工作看起来几乎一样——兴奋感除外。必须是这样，否则兴奋感不会带给你兴奋感。如果你每天都感到兴奋，兴奋感就会消失。

行为主义者把我们适应任何条件的能力称为“快乐适应”。彩票中奖者在大约 6 个月的时间里情绪高涨，直到他们意识到金钱并不能买到幸福。一旦我们的财富超过了对食物、住所和健康的最低要求，对亿万富翁和千万富翁来说，幸福同样难以捉摸。囚犯们很好地适应了约束，以至于他们当中有些人从来不想要自由。

但是，当一个词曲作家、诗人或小说家写下完美的比喻，当约翰尼偶然发现完美的即兴片段，当布兰迪抓住完美的海浪，当布奇用他的轮式马车把一头死河马拉进部落时，这一切都是值得的。

当你把这些全都加在一起时，我们只是多巴胺、催产素和抗利尿激素的瘾君子，也许没有那么糟糕吧。

联系观众：让科学和艺术更好地解决问题

横向思维、新颖性和抽象性都在创造力中发挥着关键作用，但只有当其他人欣赏结果时才会这样。在第七章中，我们得出结论，人是重要的投资者，价值是主观的，它只来自我们投资的重要性。艺术家的终极目标是将他们自己纯粹的主观体验与你(他们的观众)联系起来。最成功的艺术家在创作下一部杰作之前不会进行市场分析。当然，凡•高研究了每一个人，尝试了每一件事，但如果他的首要目标是取悦他人，他在活着的时候就没有做到。

在一种文化中，我们的相似之处超过了我们的不同之处，当一位来自仙女座的原始人看到人类时，他发现人类不仅看起来很像，而且几乎一模一样。所以，当谈到我们所看重的东西和原因时，我们有很多共同点，这并不令人惊讶。

我们和其他动物也有很多共同之处。解释人们喜欢音乐的原因包括通过唱歌和跳舞来诱惑和加强社会联系，这是一种延伸适应。大喊大叫一开始是一种警告系统，很容易被提炼成唱歌和开玩笑的引诱技巧，所以，我们不断地提炼它们。还有许多其他的描述。也许我们喜欢音乐是因为鸟类喜欢音乐；也许让我们欣赏音乐的湿件来自我们与鸟类共同的祖先；也许自然选择并没有修剪掉我们古老的音乐爱好网络，我们仍然拥有爬行动物时代的湿件，所以，为什么不使用一些运算法则呢？

现在，我们已经知道什么是创造力，也知道为什么很多人都一致认为，有些东西比别的东西好。接下来让我们转向创新和发现。这两件事是从优化我们的相互作用中建立起来的，结合创造力和分析力，调整智力和直觉，并充分利用我们的天赋和技能。我们创新和发现解决各种规模问题的方法的能力——作为个人、社区成员、国家公民和地球上的居民——将决定我们能够生存多久和多好。这让我想到了埃米•诺特（Emmy Noether），一个面临巨大问题却依然取得成功的女人。如果说有一个坚定的个人主义者，这个人就是埃米。

第九章　创新和发现

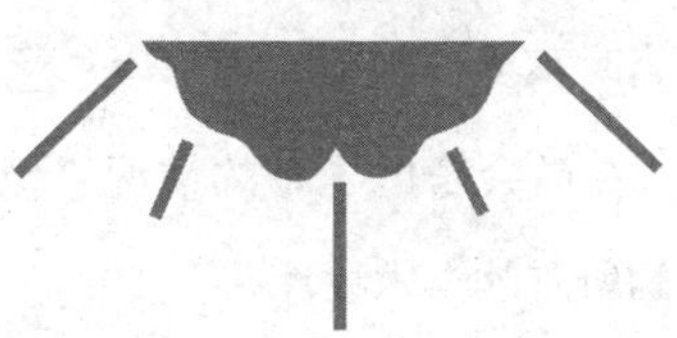

数学界的雅典娜

1882 年，埃米·诺特出生于德国恺撒的一个犹太家庭。大家都叫她的中间名字“埃米”。埃米是个友善的近视女孩，说话有点口齿不清，喜欢跳舞。她在学术上前途渺茫，但她能快速解决复杂的难题。

1900 年，获得教师资格证后——对一个有礼貌的年轻女士来说，这是一个可以接受的智力成就——她选择学数学。当然，因为她是女性，所以当时不允许她上大学。埃尔兰根大学（University of Erlangen）的学术委员会考虑了她的情况，但得出的结论是：“允许男女同校将推翻所有的学术秩序”。

但埃米还是去上课了。由于她父亲在那所大学教数学，教授们都认识她，而且大多数教授都让她旁听自己的课。她埋头苦读课程材料，对即将到来的学位毫无兴趣。完成课程后，她得到了恩惠。我们中很少有人会把每天花 4 个小时参加紧张的数学考试的机会看成是一件礼物，但埃米就是这样认为的。

20 世纪的曙光给许多机构带来了新的自由主义，因此，埃米通过了考试，她的研究生申请得到了批准。1907 年，埃米·诺特成为德国第一批获得博士学位的女性之一。

在那个时候，数学家唯一明显的职业道路就是继续在学术界做研究员、讲师，然后当教授。20 世纪初的德国没有高科技运算法则开发或大数据分析工作，她唯一能沿着越来越抽象的坐标轴扩展数学符号的地方是神圣的象牙塔。但是，由于她缺少关键的 Y 染色体①，校方几乎没有考虑过让她担任大学教师。

我们不知道，当她的头撞到玻璃天花板时，她是什么感觉，但她的行为显示了一种坚强不屈的性格。尽管学校拒绝了她的申请，她还是去上课，并勇往直前地做研究。与她共事的男性称她是那种至少在外表上对障碍一笑置之的人。也许，像弗兰克·兰塞姆一样，她会独自哭泣。

当时，哥廷根大学（the University of Göttingen）是数学世界的中心。哥廷根数学系对她的博士论文（她曾将其描述为“垃圾”）印象深刻，她接受了一个无薪研究职位的邀请。她以客座讲师的身份教书，靠着一小笔遗产生活。她的哥哥，完全具备了最重要的 Y 染色体，瓜分了父母少量财富的大部分遗产。

埃米·诺特博士的教学风格不符合公认的规范，她所做的其他事情也一样。她没有对沉默的听众做被动的讲座，而是提出数学问题，并邀请学生解答。不久，埃米·诺特博士获得了一批追随者，这些学生后来被称为“诺特男孩”。

1916 年，埃米·诺特推导并证明了“诺特定理”。我认为，它

---

①译者注：由 XX 组成的性染色体是女孩，由 XY 组成的性染色体是男孩。

对科学进步的影响不亚于爱因斯坦的相对论和马克斯•普朗克(Max Planck)的量子物理学，诺贝尔奖得主、物理学家利昂•莱德曼(Leon Lederman)曾将其称为物理学上的勾股定理。

诺特定理把人们曾经认为很简单的事实，比如牛顿运动定律和热力学定律，与时空几何联系起来。例如，热力学第一定律认为，能量既不能被创造，也不能被消灭，只能改变形式——叫作“能量守恒定律”——这是源于时间的几何学。

第一次世界大战结束时，她继承的遗产变得越来越少，她在哥廷根的同事们，包括数学超级明星大卫•希尔伯特（David Hilbert）、菲利克斯•克莱因（Felix klein）、赫尔曼•明科夫斯基（Herman Minkowski）和恩斯特•马赫（Ernst Mach），提名她担任一个级别低但有报酬的教师职位，但哲学系的负责人反对她任职：“当我们的士兵回到大学，发现他们需要屈从于一个女人的教学时，他们会怎么想？”

对此，她的朋友兼导师大卫•希尔伯特教授回答说：“我认为，候选人的性别不应成为反对她的论据……毕竟，我们是一所大学，而不是澡堂。”于是，她得到了这份工作。

埃米•诺特博士的余生都在学习和发展抽象代数。她在数学和理论物理领域很有名气，但你听说过她吗?

她从未结过婚，也没有任何亲密关系的记录，但她确实有很多亲密的朋友。她不太在意外表，当她那蓬乱的长发从发夹里挣脱出来时，她就任由长发披散下来，带着一如既往的热情继续讨论数学。在我看过的每张照片中，她不是咧着嘴笑就是哈哈大笑。即使在正式的拍摄中，你也能看到她眼中闪烁的光芒。

尽管她在政治上并不活跃，但在愈发咄咄逼人和好战的德国，她是一位自由的和平主义者。20 世纪 30 年代，她的一些学生穿着纳粹党徒的褐色制服来上课。起初她对此一笑置之，但很快，她就成为第一批被纳粹解雇的犹太教授之一。后来，埃米去了美国。1933 年，阿尔伯特·爱因斯坦说服洛克菲勒基金会（Rockefeller Foundation）配合紧急委员会（Emergency Committee）的拨款，帮助流离失所的德国学者，埃米获得了美国宾夕法尼亚布林莫尔学院（Bryn Mawr College）为期一年的讲师职位。

埃米在布林莫尔度过的时光似乎是她一生中最快乐的时光。但在美国待了 2 年之后，她死于治疗子宫癌的手术并发症。

面临挑战时：充分利用大脑解决问题

埃米每次都被拒之门外，但她坚持不懈，打败了各种挑战，打破了重重障碍。“埃米·诺特是个了不起的女混蛋。”大家都这么说，她也很高兴，没有感到痛苦。

一些心理学实验将快乐感与解决问题的能力联系起来。是快乐的人更善于解决问题，还是解决问题能让人更快乐？我同意这一点：对自己迎接挑战的能力有信心，会让挑战变得不那么具有挑战性。信心始于你征服的第一个挑战，正如我们所见，第一印象对我们的模式识别湿件有着不成比例的影响。

生活充满了挑战。

让我们为面临的挑战和追求建立一个模型。这些可能是任何一种挑战、追求或欲望，也就是你所追求的任何“圣杯”。莫奈有睡莲和桥梁，迈克尔逊和莫雷有星际乙太，凡·高有繁星闪烁的夜晚，爱因斯坦有时空，每个人都有所收获。

在我们开始讨论这个问题之前，我觉得有必要提出一些免责声明。我为没有解决人类如何达到完美的终极问题而道歉。我的妻子和我的狗会证明这是一个我不需要负担的答案。当然，你不会期望最终的答案低于 30 美元。

让我们试着把所有的东西放在一起，形成一个包罗万象的概念，并挖掘一些可能有助于激发这个过程的技术，而不是寻找答案。你会认为一些兴奋的想法是愚蠢的（我当然这么认为），但我们正在尝试不可能的事情。这真的是不可能的。如果我们想出一个真正有效的方法来应对挑战，这个想法就会传播开来，直到人类挑战的本质发生变化，这个方法就不再奏效——营销版的海森堡不确定性原理。不管怎样，让我们尽力而为吧。如果你能从这一页的另一面提供一些想法，无论你读这篇文章的目的是什么，都将会很有帮助。

我希望我们的模式能帮助我们每个人更频繁地提炼出更好的想法，这样，我们就能解决更大的问题，创造更多有价值的东西和想法，培养更好的人才，给我们的世界带来更多的和平与和谐——我想感谢你们看到最后几个字的时候依然无动于衷。

我们在本节中所做的每件事都应该从个人的努力扩展到团队、组织，一直扩展到人类努力的整个“蜂房”。

（1）追求

下面介绍一个年轻的女子，她在康沃尔郡的内地长大。珀西法尔（Percifal）在卡米洛特城附近闲逛，直到碰巧亚瑟王（King

Arthur）注意到她。亚瑟王为了除去她，故意叫她去找圣杯。任何古老的圣杯都可以。亚瑟王真正想要的是廷塔基尔（Tintagel）的一只漂亮的咖啡杯，但他没有告诉珀西法尔。

珀西法尔一生都在为她的追求做准备，却从未意识到这一点。她去上学，和好孩子、坏孩子一起玩，做了几份工作，惹了一些麻烦，又去上学，惹了更多的麻烦，如此周而复始，直到她面临一个改变人生的挑战。当挑战出现时，她非常紧张。毕竟，这似乎是不可能的：她将如何以及在哪里找到圣杯？如果圣杯太重，她太弱而拿不动，该怎么办？如果她不能骗过守护圣杯的人，该怎么办？如果不这样，她该怎么办？如果不那样，她该怎么办？起初，她的小狗脑只是想追逐某个东西，并对着问题叫嚣。

任何挑战的到来都伴随着自我怀疑的压力。

最终，她接受了挑战，有意识地把压力和焦虑推了回去。她远离赌注，以便能清楚地思考（顺便说一句，这一步可不简单）。现在能够集中精力了，她把问题分解成几部分，融入她的工作记忆，然后开始分析。

她一旦把问题分解开来，就开始想出解决问题的办法。她寻找可以帮助她的人。她利用了众包的力量，但小心翼翼地避免了最大声的人的意见占主导地位的情况。她还利用了内部众包的力量：让创意从她的“个人愚蠢但团队智慧”的自下而上的无意识思维的处理器中渗透出来。在这个过程的这个阶段，她似乎没有在工作。

虽然定义问题和招募资源都需要纪律严明和注意力集中，但是，当我们重新集中注意力时，很少会产生伟大的洞见。珀西法尔看起来像是在发呆，做白日梦，还出去跳舞，四处游荡，浪费时间，但她实际上是在以最高的效率工作。

亚瑟王确信珀西法尔在浪费光阴，于是听天由命，用牛角喝水。

横向思考的过程，将不同的想法融合成全新的概念，只是偶尔类似于我们所认为的工作。她一边运行自己内心的自下而上的无意识思维的处理器，一边与聚集在一起的同事进行外部交流，使团队的创造力达到了最高峰。她一边尝试不同的视角并生成解决方案，一边等待着，希望并相信自己会经历顿悟的高潮。

当这种顿悟最终点燃她的火焰时，随之而来的是一种奇妙的感觉——知道解决方案已经到来。但大多数顿悟都是站不住脚的；即使伟大的想法也会半生不熟地冒出来。来自功能磁共振成像测试的证据表明，在这个想法出现之前的一瞬间，你就有了灵感顿悟的“啊哈”感觉。

当珀西法尔意识到这个备选想法时，她又重新集中注意力，开始评估这个想法。国王很高兴看到她回来工作，尽管他确实看了看表。

评估意味着组合一个语境，并想象这个想法一旦实施将如何运作。在很大程度上，这是一块糟糕透顶的墓地。

洞察力的评估过程与其说是重复，不如说是继续，就像往墙上扔泥巴，直到珀西法尔有了一个完全成熟的解决方案。通过想象，她知道自己需要什么工具：像盔甲和剑这样的实物工具，像方向和策略这样的抽象工具，还有像骑士和马这样的有机工具。

最后，我们的女主角开始了她的追求。

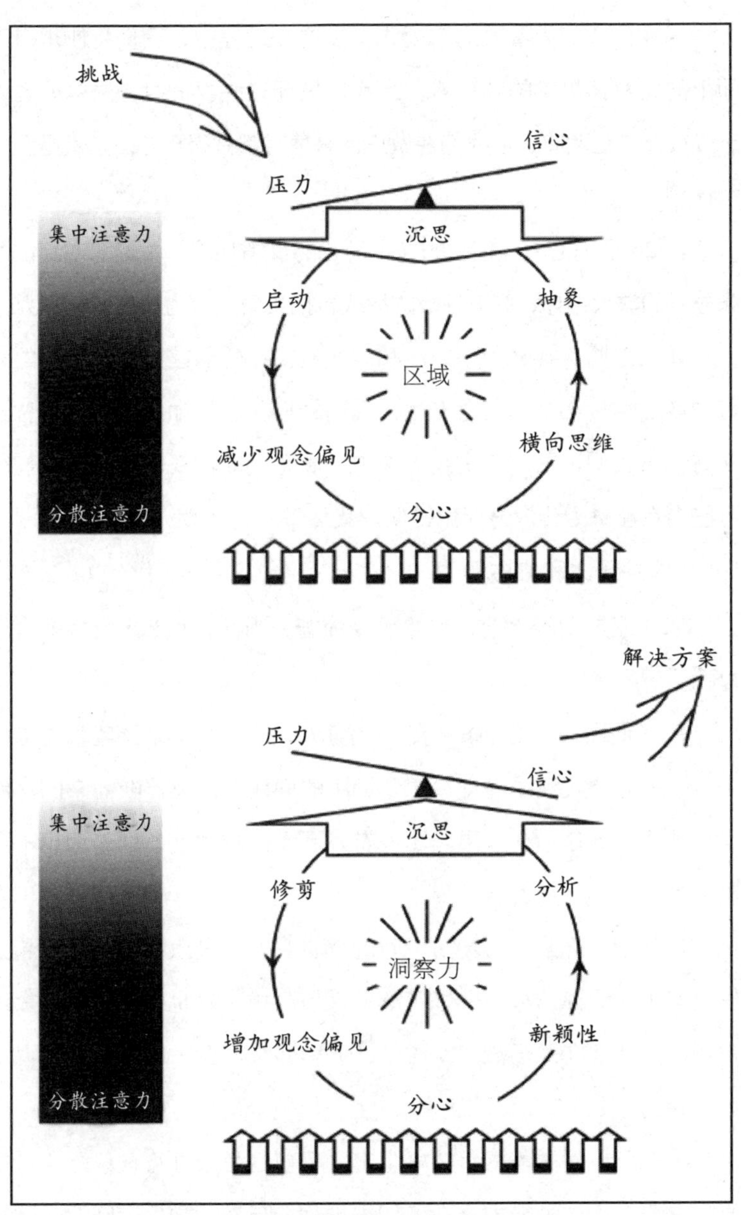

图 26　解决问题的模型（期间不妨洗个澡）

现在让我们来看看这个模式。在这个过程中，我们将使用自下而上的无意识思维的处理器，当我们离开这些页面时，这些处理器可以彼此产生共鸣，让我们在做任何事情时都做得更好。这就是我们的计划。

图 26 是创造力与创新的一个简化的反馈环路，关键点在于沉思和分心的放大循环，应对挑战的模式包括集中注意力和分散注意力。

作为那些重视努力、专注和生产性工作的国家公民，我们的教育和商业结构都宁可失之专注，我们的榜样也是如此。从这个背景来看，当我们试图制订实践步骤来提高我们的创新能力时，我们很可能会在注意力分散方面犯错误。我尽量不这么做。

（2）压力和集中精力

你在能够创新之前，需要忍受痛苦，当然，埃米•诺特就是这样的。

每一项挑战，无论多么渺小或重大，开始时都是欲望和需求的组合——想要实现的冲动，想要解决的问题，以及伴随而来的需要尽快解决它的压力。如果问题没有发展到一定程度，你永远也不会被它吸引。

你知道当你陷入一场辩论时的感觉吗？一道激情的闪光激起了你的怒火，让你为战斗做好了准备，但同样，它也会妨碍你有效地辩论。你认为在一场激烈交流中，完美多久回归一次？对我来说，总是晚到一个小时。

我们可以对本能的、情感丰富的反应性思想进行抽象化，形成原理和概念，这种能力允许我们去推理。当然，这里有摩擦，而且是双向摩擦。在懒散者的一方来看，如果你不关心某件事，那么，你完全有能力去分析这个问题，但你永远不会有解决问题的激情。在偏执狂的一方来看，如果你太在意，那么，压力就会抑制你过多地听从自下而上的无意识思维的处理器，更不用说执行自上而下的分析了。这种令人不安的不和谐使我们分心，没有解决方案，失败的后果逐渐显露出来。

我们在解决问题之前，需要冷静下来，并集中精力。

还记得第五章吗——延迟满足感的能力比她的理智更能预测一个孩子未来的成功？能够延迟满足感也可能表明你有自制力去延迟恐慌感。几项低阶统计数据、难以控制的测试表明，我们可能每天都有固定的自律额度。如果是的话，你应该现在就兑现一些。

那些等待天使般的缪斯女神为他们拍摄充满灵感的作品的艺术家们并没有完成很多工作。灵感不是一个东西，它是一种状态，是你进入状态时所经历的一种情绪。所以，缪斯女神一定会不惜一切代价让你进入状态。

我们在第六章讨论了区域问题。此时，这不是你的舒适区。如果你的舒适区是一把好椅子，那么，坐在舒适区就是一种参与和平衡的状态，你可以在椅子的边缘找到这种状态。

这个区域不是放松的状态，虽然放松可以帮助你到达那里。自律和它的追随者——决心，可能就足够帮你到达那个区域，但也可以使用分散注意力的技巧使你冷静下来。我们稍后会谈到一些技巧。我要提前警告你们：我要用“冥想”这个词，不过我也要说“撞头”。通过释放压力和冷静下来，我们让小狗脑给我们希望和信心，以达到帮助我们的目的。

当你进入状态时，想法就会沸腾起来，你就能有意识地运用它们。想象一下，一个四分卫在 2 分钟的进攻中奔跑（一个前锋带球到前场，前锋 40 米开外，冲向球网）。这片区域是一种强烈的接触，包括时间有限、希望渺茫、压力很大的情况，这些情况既有利于放手，也有利于追求。

以一种完全不是投降的方式而投降的兴奋感一直是我们的一部分，当你从剑齿虎那里跑出来，沿着悬崖绝望地狂奔时，你会沉浸在那一瞬间，并开始觉得你的计划可能已经疯狂到可以奏效了。

既然即时的焦虑已经过去，是时候分析问题了。现在，你可以使用诸如简化和抽象之类的智能工具将其分割成你可以思考的小碎片。记住，你的聪明的自上而下的有意识思维在工作记忆中最多只能记住 3~10 个概念。有意识思维可能很聪明，但也有限。

分析问题可以实现两个目标：首先，你可以了解情况到底有多绝望，但是更重要的是，你需要使用自下而上的无意识思维的并行处理器来完成这项工作。当你那聪明的、连续的、自上而下的意识不能同时容纳好几个想法时，就所有实际用途而言，你那愚蠢的、并行的、自下而上的处理器却是无限的。一个一个来，它们不是很好，但是，当你让它们一同工作时，就会让你大吃一惊。

你可能听说过这个“新时代”的东西，叫作“秘密”或“吸引力法则”。这个想法是：通过询问宇宙的一些东西，你就会得到答案。它最有效的核心是：当你分析一个目标时，你动用了你整个大脑的力量。你的并行处理器在意识之下工作，一旦被调整好，它们将注意你所遇到的每一件对你的事业有帮助的事。这很强大，但不是秘密，这是启动效应的一个例子。

这个想法可以扩展到团队或组织级别。让每个人都参与进来，可以分配工作负载。个性可以影响思想的感知价值——回音室效应。当团队中的每个人都做好了准备时，你的想象力就会比单独一个人时丰富得多，尽管这玩意儿很难管理。

你从哪里得到最好的想法？在淋浴的时候吗？在海滩上吗？在你半夜醒来时的床上吗？我很确定，不是当你坐在办公桌前绞尽脑汁去思考问题的时候。那我们要办公桌干什么呢？工作岗位应该在淋浴间，而不是小隔间啊。

注意这个过程的一些讽刺之处。既然你已经充分利用了自下而上的处理器的全部功能，那么，你需要准备好倾听它们的声音。你需要休息一下，停止分析，而不是继续解决问题。这是我们都经历过的违反直觉的讽刺。软件开发人员与这个阶段有着密切的关系。你可以连续苦干 30 个小时，却感觉一无所获，然后你去散步，说不定会有十几个想法浮出水面。其中大多数想法似乎都是显而易见的，但在你进行激烈的分析时，它们都没有出现在你的脑海中。

（3）分散注意力，走进洞察力

“视角，”迈尔斯•迪伦曾经说过，“要么利用它，要么失去它。”

伽利略观察不同焦距透镜的组合，将它们指向夜空，用放大透镜组装了望远镜，只需要增加一层复杂性就可以。莫奈改变画作的焦距，创造了印象派艺术。说真的，当你站在印象派画作旁边时，它看起来就是一滩油漆：你得往后站，不仅要看画的表象，还要看出其中的门道，也就是说，你必须不断地集中注意力和分散注意力，才能启动你的镜像湿件，得到画中隐藏的信息。

回想起来，这些创新似乎只是小小的改变，但它们改变了一切。那么，为什么如此小的改变如此难以实现呢？你听说过美洲原住民的故事吗？当哥伦布的船向岸边航行时，他们却看不见。事情是这样的：一群土著人在海滩上闲逛，捉螃蟹，冲浪，捕鱼，打老式排球，编篮子。哥伦布的三艘船在地平线上露头了。船要花好几个小时才能靠岸。人们从劳作中抬起头来，望向地平线，即使船就在那里，逐渐接近、逐渐变大，人们却看不见船。他们的眼睛接收光线，但由于它们没有识别船只的模式，因此不知道以这种方式接近的东西是什么，这些船脱离了语境，简直就像隐形一样。

这个故事只有在这样的情境下才有可能是真的——如果所有的印第安人都缺少右半脑的话。当然，完全专注于篮子、鱼和排球的左脑可能会忽略船只，但右脑会看到它们，并像受惊的梗犬一样吠叫。尽管如此，问题的关键是，有时当某东西就站在我们面前，或者就在我们面前航行时，我们却视而不见。

我们一生都在开发自己独特的视角，而在很大程度上，我们在这个过程中实现了从这个视角所能实现的一切。当有新事物出现时，我们需要打破常规。我们必须从不同的角度，以不同的方式来看待事物。

你的自下而上的处理器不断地向你启动目标的大致方向，并抛出想法，但是，那些浮出水面的想法，那些我们无意识地认为是好的想法，就是那些符合我们偏见的想法。湿件是自动的。我们的模式识别和分类的大脑，就像海滩上的神秘人物一样，无法克服它们对新奇事物的偏见，也看不透天花即将来临的厄运。

观念偏见是一种抑制横向思维的懒惰思维，横向思维是创新、新颖和原创性的关键。

正如我们在第六章和第七章中讨论的那样，横向思维是一个融合多种想法的过程。我最喜欢的例子就是讲笑话——你必须把直线和曲线连接起来，你可以称之为“聚合型的发散思维”，但我们最好不要。

问题的关键是，为了最大限度地利用大脑，我们需要考虑不同的想法，除非我们有意识地激发自己，否则我们不会考虑这些想法。

为了减少观念偏见，我们必须增加思想和观点的多样性，这归结为经验的多样性。

这个观点也可以扩展到团队和组织级别。如果你已经聘请了一个有着粒子物理学背景的科学作家、小说家和高科技顾问，他在奥克兰突袭者橄榄球赛上喝啤酒，大喊脏话，你就不应该雇佣我。找一个可以提高你的组织能力的人，一个技能和背景与你团队中其他人不同的人吧。这个观点是补充，而不是取代或加强，你更应该补充员工，以便得到另一个视角，把你带到另一个层次。

当你看人力资源部门的职位描述时，很明显，公司试图克隆他们现有的员工。如果你的全部员工都是来自麻省理工学院（MIT）的电气工程师，那就从里德学院聘请一些人吧——那里没有电气工程专业，但曾经出了个史蒂夫·乔布斯（Steve Jobs）这样的人物。

在一个团队中实现思想多样性的一个简单方法，就是将来自不同文化的人聚集在一起。即使他们受过类似的教育，也会自动为你的团队带来新的视角。

更多的讽刺来自于另一种偏见，也就是简单的偏执。我们的模式识别、分类、判断、懒惰思维的天性会让我们很难雇佣外星人或与外星人一起工作。现在，我确信，你对硅基生物没有任何个人怨恨，但我认为，它们很奇怪。总是认为其他人不正常或某些事不太对劲，那种本能或直觉是一种祖先的遗迹，会降低你的个人效率，会让你亲自付出代价。简单的事实是，观念偏见和对他人的偏见会降低你做原创工作、发明、创新和创造财富的能力。

因此，当你发现自己与来自仙女座的硅基生命体一起工作时，你可能需要减少自己的压抑，以便从中学习。但我明白，仙女座人的身上落满灰尘；他们拖着脚走路，把沙子撒得到处都是；他们的声音像铲子在混凝土上刮擦一样刺耳；对了，别跟我提他们磨石般的饮食习惯。让我们试着记住，那些家伙真的知道怎么喝得酩酊大醉。

为了让我们的压抑趋向另一种多样性——思想的多样性，我们到达了冥想的境界。我所说的“冥想”，并不一定是指穿着长袍和凉鞋，以莲花的姿势坐在山顶上——尽管对大多数人来说，这可能会很有效——我的意思是，任何能让你敞开心扉、让你平静下来、促使你欣赏你的世界以及你融入其中的活动。我可以证明，对一些人来说，减少观念偏见可能包括：在足球比赛中大喊大叫、像重金属爱好者那样撞头、跑步、唱歌、骑自行车、写作、冲浪、演奏乐器，甚至冥想。对一些人来说，这可能意味着要去听爵士乐。

（4）冥想和偏见

就像禅师铃木俊隆（Shunryu Suzuki）在他的著作《禅者的初

心》（*Beginner's Mind*）中说的那样："如果你的心是空的，它就会随时准备好要去接受，对一切抱持敞开的态度。初学者的心充满各种可能性，熟练者的心却没有多少可能性。"

我几次提到艾伦·斯奈德，他是一位澳大利亚的心理医生，他认为，通过电刺激来减少抑制性神经元，可以释放你内心的"学者"，激发你的创造力，并展现出你从未意识到的自己身上携带着的才能。斯奈德的看法是有争议的，所以，我不建议你们现在就"开动"大脑。但其背后的概念并不存在争议。

当神经元接收到信号时，它可以做三件事中的一件：发出兴奋的动作电位，发出抑制的动作电位，或者什么都不做。当我们达到顶峰并集中注意力时，那些神经元就会从你的自上而下的意识中疯狂地"放电"。你在做你擅长的事，你知道怎么做的事，你的神经元已经训练了你一生的事，你也有你最大的偏见。这是我们生活的常规，但也是支付账单的常规。这并不是一个坏习惯，但它可以抑制你的光芒。

熟练者就是已经形成峡谷的河流；初学者就是飘落在山顶上的雪花。

分散注意力，敞开心扉，静下心来（选择你最喜欢的隐喻）——无论如何，不管你怎么称呼它，它都是冥想，我们需要为它腾出时间。我知道，我也没有时间。我没有时间的原因是我把太多的时间花在挑战上，在电脑屏幕上磨来磨去浪费时间。也许我可以大喊大叫来更有效地传达自己的信息——分散注意力、放松、享受当下的自我，会让你提高而非降低你的工作效率！

陷入放松的状态，不分析就吸收感官输入，专注于深呼吸，只接受当下的瞬间，这样可以让你的思想平静下来。如果你的大脑中没有叫喊的声音，无意识的处理器更有可能吸引你的注意力。

埃米·诺特博士花了很多时间在校园里踱步和发呆，她为现代物理学奠定了基础。

（5）换位思考

让你的想象力自由驰骋的最明显的方法就是改变你的视角。冲浪者布兰迪倾向于认为现实是一种浪潮；约翰尼把自己的生活看作是现实生活中的一首即兴歌曲；布奇意识到生活是一场伟大的狩猎；斯黛拉看到的都是色彩；鲸鱼投射声音，然后将回声重建成我们所认为的图像，以便“观看”。我们通过这些镜头看世界，可以看到以前不曾见过的东西。场景碎片聚集在一起，使创新和发现成为可能。

语言本身就能蒙蔽我们。理解一个行为更多的是思考这是由先天决定还是后天习得的，而不是去思考这个行为是由先天和后天如何相互作用的，这会导致一个过于简单的死胡同。找到不同视角的方法之一就是去重新构建问题。

我们已经看到，第一印象在发展我们的模式识别湿件方面有着不可估量的重要性。对抗这种效应的方法之一就是使用类比，将不同的模式强加于给定的问题。如果现实像波浪，那它是水波？是声波？还是游行花车上的政客挥手时在空中划过的波浪形状？

想象一下平行、扩展、主题、关系以及与其他系统的相似之处，为每个部分构建隐喻，并将它们重新组合成一个新的整体。想一想不同历史时期的人（包括过去和未来）是如何处理一种情况的——

只要能爬出峡谷，爬上山顶，我们就能看得清清楚楚。

用图解法表示你的窘境。在纸上或白板上画图表和漫画、地图和原理图、涂鸦和信息垃圾，这样你就可以画出线条把想法联系在一起，并在笔记上乱涂乱画。然后将它们上下前后颠倒，转变你的视角——乏味的视角转变。这招对费曼和费曼图很管用。

另一种方法，一种在物理学中广泛使用的方法，也是我们在本书中多次使用的方法，就是去观察其极端情况。渐近分析使用极端情况去查看拼图的不同部分是如何组合在一起的，比如：所有没有麦芽的啤酒花、酵母和水都是苦的；全是麦芽而没有啤酒花，酿造出的是一种又黑又甜但很无趣的麦芽酒。最坏的情况和最好的情况限制了可能发生的情况，使我们更容易锁定最有可能发生的情况或最好的情况。

深入探究荒谬的情况，大多数尝试都失败了，但是，在一个实例中失败的东西仍然停留在表面附近，准备升级为另一个问题的解决方案。

获得视角的特别有效的方法之一就是模仿自然选择。蒙特卡罗技术使用随机数来寻找解决方案。使用随机过程是计算科学中的一种标准技术，不仅因为它简单，还因为在大多数情况下，它比使用经过深思熟虑的选择更有效。

你可以这样想：因为有了一长串的想法，所以很容易挑选出好想法。因此，你能越快地生成这个列表，就能越快地开始摸着下巴思考评估。

在第三章中提到了仙女座人的故事，仙女座人只能从原子及其位置来预测地球上的生命形式，我描述了一种蒙特卡罗模拟技术。当我们什么都不知道的时候，随机尝试是我们能做的最好的事情。当我们确实知道一些事情，但这些知识可能会对我们产生偏见时，尝试一些随机的、符合事实的事情，可能比沿着同一条河划船更有效。

有时候，想象新事物的最好方法就是放松，让你的思绪漂浮，什么都不拒绝，胡言乱语，看看会出现什么。最好是在地下巢穴里练习这个技巧，而不是坐在城市的咖啡馆里。

（6）洞察力来自哪里

一旦洞察力升华为意识，就必须对其进行评估。评估使我们重新投入到全面、集中的分析中。分析就像是在山谷中搜索：左脑被释放出来，沿着它自己的理解峡谷的舒适走廊寻求解决方案；右脑则让左脑保持工作状态，并留意落下的石头。

评估洞察力需要想象洞察力如何进入生活的现实，想象洞察力将如何发挥作用，把可能性简化成概率，寻找漏洞、矛盾和悖论，这样我们就可以抛弃一个弱小的想法，或者装配必要的工具来实现一个强大的想法。

很方便的是，我们在醒着的每一刻都在通过想象主观现实来评估客观现实，在我们所感知的幻想和我们所相信的现实之间摇摆不定。对未来的每一个想法——计划，设定目标，甚至是担忧——都来自我们的想象。就像婴儿通过神经修剪来微调他们的感官一样，我们通过想象洞察力将如何发挥作用来评估它们，这相当于把它们修剪成与我们对现实的期望相符的想法。

一旦洞察力被融入计划中，就该提出策略、组装工具和人员并执行洞察力了。在这一点上，你会发现一些关于你的洞察力的价值的事。

让别人参与进来，你必须卖掉这本书——顺便说一下，有人告诉我这本书不应该有市场营销。销售和营销形成了感知价值和建议价值之间的交错的反馈环路。

不管你的计划好不好，关键在于你的计划能否引起他人的共鸣，这取决于它的呈现方式。因为不能确认乙太的存在，迈克尔逊—莫雷实验宣告失败，但是，如果他们宣称乙太不存在，并坚持己见，会怎样呢？如果一个人的解决方案先于他的社区认识到这些问题，会怎样呢？这个世界欢迎爱因斯坦的相对论，因为它解决了他的同事们认为重要的问题。一位临时替补的书评人喜欢凯鲁亚克的《在路上》，尽管它的风格另类，却卖出了300多万册，如果评价很差，它会卖得这么好吗？

在创新时刻：创新者对发现感到敬畏

让我们再回顾一下埃米·诺特的话题吧。

我想爬上埃米的现实的抽象阶梯，然后问你们一个关于发明与发现的问题。埃米最直接的现实是她在德皇统治下的家庭，这种环境限制了她的目标，而她却乐呵呵地忽略了。后来，她发现自己身处希特勒统治下的德国，这促使她来到了美国。埃米待在数学象牙塔里，这给她的家庭、政治和社会结构增添了一层色彩。当然，那些人一有机会就想把她踢出象牙塔，但是，根据她的作品和认识她的人的评论，我相信，她花在这个象征性的、人造的数学世界里的时间和精力比其他任何地方都要多。这让我想到了发现和发明之间的区别。

诺特定理把时空几何的对称性与自然规律联系起来。她是发明了诺特定理，还是发现了诺特定理呢？

在她把诺特定理写下来之前，诺特定理肯定以某种形式出现过。大家都知道，她经常在校园里散步，远离她那个时代的键盘——铅笔和纸，粉笔和黑板。不难想象这样的场景——埃米在校园里徘徊，然后突然停了下来，这时，抽象对称与自然规律之间的关系上升为她的意识。把空间和时间的本质与物体在时空中的行为联系起来，一定让人感觉像是一种发现，但诺特博士阐述并证明了她的定理。一个定理的有效性只能通过符号操作来证明或推翻。你不能在实验室里测试这个定理。一个定理要么与特定逻辑系统的定义一致，要么不一致。一个定理不是一个东西；它是一种想法、一种创造、一种创新。

另一方面，诺特定理将几何学（只不过是想象空间和时间中的一套虚构的理想）与物质遵循的规则联系起来，提供了一条线索，说明了是什么让自然运转。

如果我们问诺特博士，她是发现了这个定理，还是发明了这个定理，我敢打赌，她会说，这感觉更像是发现，而不是发明。

当诺特博士玩弄符号工具和操纵虚构的结构时，后果便出现在她的面前。当普罗米修斯（Prometheus）第一次控制火的时候，当本·富兰克林（Ben Franklin）意识到闪电就是电的时候，当托尼·麦基不断地往他的 IPA 啤酒里添加啤酒花的时候，他们肯定也和诺特一样，对发现感到敬畏。

创新和发现的关键：抓住细微差别的能力

创新和发现不像地图上的目的地。从你现在所处的位置到实现目标的道路是一条旋转、循环、混乱的路，也有灵感乍现的时候，或明或暗，充满了看似真知灼见，结果却被证明是错误的谬论。从糠秕中辨出麦子来，从茎秆中辨出嫩芽来，从愚蠢中辨别出聪明来，都是“啊哈”顿悟时刻的一部分。这个过程需要平衡注意力集中和注意力分散、冷却和融合，而令人惊讶的结论是，至少在工作过度的西方，注意力分散会让你更有效率。

创新和发现的真正诀窍在于抓住细微差别的能力，即两种相似模式之间的细微差别，以及截然不同模式之间的细微相似之处。把琴弦拉到吉他的琴颈上，将汽车的加速度与重力引起的加速度进行比较。如果你想学习数学，但你缺少必要的 Y 染色体，无论如何，你还得去旁听讲座。

若要开发一个可识别模式的存储库，我们需要让自己接触尽可能多的思想。我们的答案分辨率越高，我们可以访问的原型模式就越多，我们想象的现实临摹也就越精确。

沉浸感听起来很棒，但是我们已经被淹没了。我们拥有的每一个设备都需要关注，而其中大部分都是噪音。我们之所以对某些想法及其来源抱有偏见，是因为它们真的很糟糕。

我们怎样才能把信号从噪声中放大呢?

至少在某种程度上，我们有能力让自己置身于高质量的输入之中。你和我可能在什么有质量和什么没有质量的问题上意见不一致，这没关系。答案一定在于我们选择沉浸在哪里。我不想浪费时间在肥料里打滚，但我也不想错过骑小马驹的机会。

我们只有几十年的意识，所以我们需要小心谨慎地选择。

选择信号的一些方法很明显：参加一些我们一无所知的课程。追随并满足好奇心，认真考虑那些不能立即引起你兴趣的话题，从而消除你的观念偏见。博物馆是提高答案分辨率的好地方。去不同的地方旅行，和不同的人一起出去玩，也是明显有效的做法。对我来说，艺术和历史是最重要的，尤其是因为我接受的大部分教育都是科学、数学、哲学和文学。

在开始研究撰写这本书之前，我对艺术的了解足以让我在国家美术馆（National Gallery）享受几天。风景画曾经是我的最爱，我喜欢把空间隔开，想知道生活在那些风景画里会是什么样子。现在我仍然喜欢风景画，但它们不再是我的最爱了。在我搞清楚同理心和价值之间的关系之前，艺术从来没有吓着我。风景很少让我害怕，但有些艺术家对我的影响比其他人更大，而且我最喜欢的艺术家让我感同身受。

高雅的艺术固然好，但还不够。廉价酒吧、体育赛事、高山、峡谷、牧场和海滩都很适合听歌剧、系列讲座和戏剧。在秋季的一个星期天，我在奥克兰竞技场的停车场闲逛，学到了很多东西。音乐会当然很棒，也是发泄情绪的好地方。我下周要上第一堂冥想课，我需要有意识的努力来压制自己的愤世嫉俗。写这本书的时候，我甚至听了爵士乐，我想，我知道自己为什么讨厌它了。

减少观念偏见和获得更高的答案分辨率的高效方法之一就是持有更少的观点。当然，我们的观点帮助我们区分信号和噪音，但它们本质上就是观念偏见，它们阻止我们容纳广阔的思想空间。

我强烈地认为，人们不应该那么固执己见。

第十章　图中图，画中画

事情没有这么简单

随着神经科学的成熟，我们在这里看到的大多数想法都会在某种程度上以某种形式存在下去。2016 年神经科学的发展状况与 19 世纪中叶的物理学相似，在电和磁被结合成电磁学之前，在牛顿、莱布尼兹（Leibniz）、高斯（Gauss）、傅里叶（Fourier）、拉普拉斯（Laplace）、汉密尔顿（Hamilton）之后，还有数百人开发了符号工具和技术，导致了 1850~1950 年的巨大进步。

神经科学就在斯黛拉第一次看到彩虹的地方，那一刻她不仅意识到了“睁眼和闭眼”，还感觉到了“光和暗”。神经科学刚刚发现了自己的“彩虹”，永远改变了我们对大脑、心智和意识的视角。接下来，神经科学家很快就能破译彩虹中的颜色，然后找出那些在我们大脑的“黑光海报”上闪耀的颜色。

左脑分析和右脑创造的一阶或“睁眼和闭眼层面的”观察的碎片，已经进化到二阶观察的复杂色彩。现在我们有一个集中专注但偶尔妄想的左脑和一个警惕吃惊但偶尔压抑的右脑。从一个结论性的陈述发展到“嗯，事情没有这么简单，你要小心谨慎”，这不是一个缺陷，这是一种方法。

科学通过一系列改进的理解来寻求真理。我们弄清是什么以及如何做到，也试图解开其中的原因。我们可能永远无法得到确切的答案——独一无二的、高高在上的真理，但是，当我们剥去无知的外衣时，我们离真理越来越近，直到理论和真理之间的区别就像我们从感官中重建的现实和独立于我们自身经验之外的现实之间的区别一样。

持续学习：善用纵向思维和横向思维

我们在本书的开篇就写到了提升左右半脑的作用问题，但是，大脑几何结构的主要功能区别不是左右半球的区别，而是跳跃的青蛙、深情的小狗和智慧的费曼之间的区别。我们大脑的这种自上而下的结构遵循了脑干的边缘系统——新皮质的进化时间表。尽管如此，我们从这三个方面继承下来的行为是金字塔式的：心跳、感觉、想法。它们彼此建立在一起，彼此之间是如此紧密地相互依赖，前后进退，放大和压制，以致于区分会导致错误。不要让这个隐喻妨碍科学的发展道路。

我们可以沿着纵向思维玩同样的游戏。我们没有花太多时间在大脑解剖学上。如果我们已经绘制出解剖图，为大脑皮层的每个区域、边缘系统的每个结节和脑干的主要特征命名，这本书就会冗长 10 倍、无聊 3 倍。另外，你还得用闪存卡来训练我，这样我才能记住细节。所以，我想说的是纵向思维没有过度简化。如果被追问，我很可能会说，复杂度从后向前增加，感觉处理主要在后，四肢控制在中间，规划和目标设定在前面。如果你无视海量相反的证据，你甚至可能会同意。但我们不要那样做。你的头脑中的掌舵人不是小人物，在一个特定的区域为高级过程着色的每一本书，至少在神经科学发展的这个阶段，都是一派胡言。诚然，你预先计划，你的感情和自我意识与大脑前 1/3 的几个独立区域有关，就像你耳朵上方和太阳穴后面的左右脑岛，但这些区域和你大脑皮层的其他部分是相互联系的，没有明确的界限。

与你如何组合一个统一的自我相关的每个区域，大部分时间都在宠爱你的小狗脑。因为你的小狗脑创造了你的行为的大部分感觉，我们可以准确地说，你就是小狗脑。换句话说，你就是一只小狗。但有些人可能不喜欢这种过于简单化。

另一方面，横向思维的概念，比如幽默和新意的源泉、天才的洗礼盆，这类隐喻可能是基于大脑的横向几何结构。

我们作为一个物种的生存，以及这个星球上大多数其他物种的生存，都取决于我们解决问题的能力，这些问题来自 100 亿人试图在一块又大又湿的岩石上和谐地生活。解决这些问题——我们倾向于打仗，炸毁垃圾，破坏肥沃的土地，污染大气，众所周知的“勾当”——需要创新。不仅是科技创新，还有经济、外交、政治、文化等方面的创新。关于创新和创造力，我们可以肯定的一点是，当我们把概念从一个领域带到另一个领域，然后把它们融合到一些全新的东西中时，它们就会出现。在我们的头脑中，这是通过看似不相关的概念的横向关联而发生的，这些概念作为全新的概念出现。

削减学校的艺术课程与削减科学和数学课程一样愚蠢。我们需要顶尖的艺术家帮助我们理解和感同身受，去感受政治决策的影响。

对于科学家和工程师来说，要帮助解决我们的技术问题，他们需要文学、历史、哲学、艺术、音乐和社会科学来强化解决方案。无论面临什么样的挑战，受过良好教育的人都有巨大的优势。

我们倾向于在抽象层中进行创新。你们注意到万维网（World Wide Web）的发展是如何遵循最简单的抽象层模型的吗？第一个市场大约出现在 1 万年前，以便社区利用专业化；易趣（eBay）只是一个抽象的市场，一个虚拟的跳蚤市场；亚马逊（Amazon）是另一种百货商店；脸谱网是另一个城镇广场。你可以通过对互联网之前的一切进行抽象化，来预测互联网将带来的一切——我在前文中对网络卡拉 OK 的评论是认真的。

这个星球上的居民需要最大可能的答案分辨率、最好的抽象工具，以及最广泛和最明智的视角。

大脑是一副画中画：一张模糊不清的图画

当我被迫回答我希望在这些页面上提出的单一观点时，我会想说一些关于创新的事情，但那会让我的营销废话一落千丈。贯穿神经科学的一个主题是：大脑的某些方面是不可分离的。这似乎显而易见。只有失败者才会试图将天赋和技能或其他任何我用二分法所取的章节标题分开。大脑是一个由反馈层组成的系统，它是一幅画中画，不能约等于简单的一般性陈述或“这个和那个”等论点——真该死，我总是说这种二分法风格的词组。

（1）质疑神经科学

特殊的、独特的镜像神经元会被发现吗？镜像或者心理化的过程，或者你想称之为镜像、心理化的任何过程，结果会是一个更微妙的过程吗？像判断和意识这样的高级过程是被固定在新大脑皮层的特定孤立区域，还是被映射到几十个到几千个处理器上呢？如何定义"思想"，以及将区分多少种不同的思想类别？我们从没谈过睡眠。这可能与记忆的形成有关。梦境会不会来自我们自上而下的处理器？试图弄清楚海马体在夜班工作中到底发生了什么？意识最终会成为复杂性的一个阈值吗？或者意识是这样一个范围——从可能无意识的树木到主要有意识的狗，再到抹香鲸所经历的任何意识，再到马林县某个正在山上冥想的女性的更高层次的意识。这对蜂房或数十亿网络计算设备的意识意味着什么？

答案受到实验技术的限制。神经科学、脑电图（EEG）、功能磁共振成像和正电子发射断层扫描（PET）的主要工具，以及心理学和行为科学的方法，将在未来 10 年经历一次渐进式的改进。这些问题的答案将会揭晓。对于每一个答案，科学家们将提出几十个新问题，旨在剥开下一层问题。好奇心往往会产生自己的工作安全感。

科学结论也可以用于腐败和宣传。

科学因其破解复杂系统的能力赢得了极大的尊重。然而，它也要为巨大的偏见性错误负责，比如优生学——认为只有富有的"成功人士"才应该生育的假设。19 世纪晚期，随着科学成果进入文明世界，达尔文的进化论遭到了一些政治家、商人、机构甚至科学家的滥用。许多欧洲北极探险家认为，因纽特人（Inuit）、拉普人（Lapps）和爱斯基摩人（Eskimos）都是独立的劣等物种。

如果我们不小心的话，21 世纪早期的神经科学很容易沦为一堆毫无道理的废话。对男性和女性之间的差异、不同的文化或种族，甚至收入水平的粗略观察，很容易被相关因素所误解。

测谎技术可能会继续走这条声名狼藉的道路。大多数人相信测谎仪能可靠地判断一个人是否在说谎。其实不能，这就是为什么测谎结果在法庭上不被接受的原因。不过，测谎仪也不是没用。如果你对一个相信测谎仪有效的人做测谎，当说谎可能对他们最有利时，这个人更可能说出真相。

我们用功能磁共振成像沿着测谎仪的路径前进。一个油嘴滑舌的江湖骗子很容易就能让人们相信，他那台超级昂贵的超导功能磁共振仪能够分辨出有人在撒谎：越贵越有说服力；成本越高，腐败的可能性就越大。

如果这个经销商让你相信她的机器的准确率为99%，你该怎么办呢？这应该足以动摇陪审团对一个由一堆间接证据支持的案件的判断。我没有参加过测谎测试（我很想去），但让我来描绘一下这样的画面：假设我们有100个从不说谎的人，99%的准确率意味着，在100个诚实的人当中，有人被称为说谎者的概率为50%；然后对99个诚实的人和1个说谎的人做测试。该测试发现这两种情况的说谎者的概率接近50%，识别出真正的说谎者的概率为99%，错误地指责一个诚实的人的概率将近50%——相当于抛硬币的概率。

如果这台机器对你有用的话，我希望你不是我的陪审团成员。

（2）暗物质问题

我们对思想没有一个功能性的定义，这让我抓狂。

思想和感知就像没有重力定义的黑洞。有一天，神经科学将把

“思想”定义为一种明确的功能，允许独立观察者来判断一个想法是否发生。现在，当大脑的几个不同区域同时亮起功能磁共振成像或正电子发射断层扫描时，我们就有可能做出正确的猜测。这些测试提示我们，一种思想的最小的、可观察的定义是什么样子。脑电图描记器可以测量与思想相关的电流，并能告诉我们大脑是否在思考，但它们不能提供明确的测量方法：“叮！她只是有个想法。哇，还有一个想法。她是个该死的天才！”

如果一个思想被定义为一种神经联系的模式，即最小数量的同时活跃、协调的神经元，也就是组织的尖端，那么，人类就不可能是这个星球上唯一的思考者。

当信息论与神经科学充分融合时，我们就可以衡量整体与部分之间的差异——真的用综合信息来衡量——然后，我们可能对意识和意识水平有一个观察性的定义。

这是对我们正在做的事情的另一个有趣的攻击：胶质细胞构成了你大脑中一半的细胞。它们包括形成髓鞘的物质和轴突周围的绝缘体，但也包括星形胶质细胞，这种细胞传递动作电位，但缺乏突触。如果星形胶质细胞比神经元更容易研究，或者这个领域的最初发现是围绕星形胶质细胞而不是神经元展开的，那么，你认为神经科学会有什么不同？也许我们现在讨论的就会是“贯穿大脑的奇异神经元，它们可能只是一个网络，在星形胶质细胞做所有工作的时候，把整个结构连接在一起”。

（3）实验结果并不准

功能磁共振成像已经引发了关于大脑如何工作的大量观察。在弄清我们如何理解事物方面，否认这项技术发挥了巨大作用是荒谬的，但同样荒谬的是，没有指出它的技术局限性。

我们所发现的关于大脑的一切，都可以追溯到神经元之间传播的电子棘波（electrical spikes）。所以，若要弄清楚一切是如何运作的，我们要做的就是跟踪每一个信号，绘制它们的去向，以及何时被称为连接体——瞧，我们会知道我们为什么要这样做，也许甚至可以回答一个终极问题——为什么有些人会听爵士乐，喝葡萄酒，而其他人则听摇滚乐，大口地喝啤酒。

在大脑中扫描得到的磁共振彩色图像确实看起来像地图，反映了大脑里正在发生的事情，不是吗？这就是它们的问题所在：它们看起来像我们想要的东西，但它们并不完全是我们想要的东西。

扫描得到的磁共振成像并不是由神经元之间的动作电位直接引起的，其成像测量的不是这些信号，而是液体的运动，也就是血液的流动。血液流向那些燃烧能量而消耗氧气供应的细胞。血流增加的区域与电活动增加的区域相关，但我们要弄清楚这一点：功能磁共振成像并不测量神经元信号的传输或接收，而是追踪血液供应的变化。

大脑扫描能够区分相邻区域的活动，这些区域之间的距离只有不到 1 英寸（约 25 毫米），大约是一颗豌豆的宽度。它们追踪的血液流动变化会在几秒钟内发生。神经元胞体直径约为 0.03 毫米（30 微米），轴突直径约为 0.001 毫米（1 微米）。神经元接收并处理一个信号，然后在千分之一秒（1 毫秒）内传输它们的响应。综上所述，磁共振扫描的每一个像素都表示在一段时间内，当数万个独立的神经元能够接收、处理和响应数千个信号时，需要血液流动来支持这些神经元的活动。

换句话说，通过磁共振扫描来判断大脑的活动，就像通过每小时嗅一次汽车尾气来判断交通状况一样。

如此粗糙、不精确的测量结果揭示了如此丰富的信息，这表明这个领域多么新，应该发出警告：不要仅仅根据磁共振扫描就下结论。

（4）怀疑是有根据的

优秀的科学家小心翼翼地对待新成果。物理学家不会接受一个发现，除非模仿这个发现的随机过程的概率低于百万分之一。换句话说，如果你报告了一些新的东西，但随机过程有可能在每 100 万次试验中不止一次地显示相同的信号，他们会一边看你的论文，一边抚摸自己的下巴，然后点头接受。他们甚至可能请你喝杯啤酒，但在你得到更强的信号之前，他们不会发布新闻稿。

典型的神经科学实验对象太少了，不能得出有统计意义的、决定性的结果。例如，在对 16 个人进行的测试中，将随机波动误认为信号的概率约为 25%，即统计不确定性为 25%；将实验对象增加 1 倍至 32 个，概率降至 18%；如果再翻倍到 64 个，概率就会下降到 12.5%。若要将不确定性降低到 5%，你需要 400 个实验对象。通过对趋势和相关性应用严格的统计技术，可以对结果进行细化，但无论如何相加，这些实验都存在巨大的不确定性。现在加上由大学本科生引起的实验偏差——大多数健康的、受过良好教育的人年龄在 18~25 岁之间——不确定性再次上升。大多数神经科学的结果引用了统计学意义，但没有努力去估计他们整个实验的不确定性。估计系统偏差是困难和费时的，但它肯定是可能的。重点是神经科学建立在许多研究之上，不要在一两次个别调查中投入太多的价值。

神经科学让人兴奋，我们都想仔细观察图片中的图片，然后瞥一眼真正拍摄图片的照相机。我们都想知道我们是谁的秘密。我希望我们也想要准确的答案。

人们都希望自己是对的。有时候，即便他错了，也喜欢被人认为是对的。你有多少次在一个笨蛋的说法被推翻很久之后还跟他争论呢？你做过多少次这样的笨蛋呢？

我曾经断言："天哪，我没有忘记关柜门啊！"甚至在控告者到来之前，我是这个房子里的唯一居住者，但是，我站在了被打开的柜子前，也就成了打开柜门的唯一嫌疑人。格雷厄姆•格林（Graham Greene）的小说《安静的美国人》（*The Quiet American*）是一部只有一个嫌疑犯的悬疑小说：面对内阁公开指控，我仍然保持清白！

为了保持正确，对任何新主张的怀疑总是有理由的。怀疑论是驱使科学家研究大量数据的原因，直到结果以某种方式说服他们。

总有一天，无论什么扫描战胜了磁共振成像，都将具有实时观察个体轴突和星形胶质细胞所需的空间和时间分辨率。同时，我们都是图中图、画中画，研究的是一张模糊不清的图画。

持续的存在体验：我们越过障碍才来到这里

你对这种存在的持续体验，来自于你大脑中交换电能峰值的 800 亿 ~1000 亿神经元。似乎就是这样。

神经细胞体通过轴突向下传递信号。轴突连接着成千上万的树突，主要是其他神经元的树突，但它也能对自己的来源产生反馈。神经元群处理我们的感官收集到的数据，并把它们的结果反馈给其他神经元群，这些神经元群处于更高的抽象层次，是我们凭借具有弹性、可塑性和可训练性的大脑开发出来的处理器。每个处理器就像一个食谱或运算法则；它们接收信号，修改信号，然后吐出新东西。神经科学还不能说出，我们可以训练多少种不同的运算法则，但请放心，你的训练能力比你一生所需要的还要强——换句话说，你一辈子都发挥不完你的潜力，但没关系。你所有的灰质和白质结合成网状结构，你使用这个网络，而且用起来还不错。

由于这是最后一章，我觉得有必要说一点深刻的东西。为了让它看起来更深奥，我列了一个表。

表 2　深刻的东西

深刻的东西
你大脑中的神经元之间持续的信号流提供了你的存在体验

我们只是一起说闲话、抱怨和欢笑了 25 万年，甚至还没达到 1.5 万代人。我们开始注视着月亮和星星，日食把我们吓得屁滚尿流。我们感到爱和敬畏，幸福和满足，肯定和怀疑，恐惧和惊讶，愤怒和悲伤，无聊、投入和分心——事实上，我们充满了感情。我们敏感吗？是的，我们可以有把握地说，人类是敏感的。所以，我们写诗，创作艺术，表演音乐，跳舞。我们所做的一切都是某种形式的舞蹈。我们拥有家人、朋友、同仁和同事——我们结伴旅行。

但是，我还有一些问题要问。

我们到底是怎么从恐惧日食到憧憬多重宇宙的？我们是如何从围着营火讲故事到在虚拟现实中观看大片和玩电子游戏的？我们如何决定部落是如此伟大，以至于我们应该发明政治、经济和军队的？

我的猜想可以归结为一个问题：为什么我们把事情搞得这么复杂？我有个主意，让我们放松一下，放一些曲子，给你自己倒杯啤酒，心情好的时候也给我拿一杯吧。

致读者

感谢大家阅读我的作品。

谢谢你们破费买下我的拙作。

在感谢所有帮助我创作此书的人之前，我想为那些可能冒犯你们的俏皮话道歉。如果你够聪明的话，你就注定要少来些蠢话，但我绝对无意冒犯。我还想为我错误地将人类的普遍特征与由不同文化产生的特征混为一谈而道歉。文化错误是一种实验性的偏见，在这一领域里，为邪恶行为提供理论依据的传统令人作呕。

你们可能已经注意到，在提到某个个人时，我以看似随机的方式选择用“她”或“他”。我想坦白一下，我确实把这个选择代词的机会交给了随机数生成器。

鸣　谢

现在我按照姓氏的字母顺序列出这些努力帮我梳理手稿，并纠正我对神经科学、音乐、艺术、历史、生物学、信息论和混沌学的误解的人员名单：史蒂夫•艾伦（Steve Allen）、比尔•邦纳（Bill Bonnet）、约书亚•吉布森（Joshua Gibson）、布拉德•亨德森（Brad Henderson）、罗伯特•肯尼迪（Robert Kennedy）和李•索亚（Lee Sawyer）。提供指点和解答的神经科学家的名单太长了，即使我做了足够好的记录，包含了足够多的内容，也无法一一列举。参考文献中囊括了出现在这里的所有内容。

我还要感谢著名出版商布伦达•奈特（Brenda knight）。2012年的一天，布伦达问我关于我刚刚完成的第二部小说《感官欺骗》（*The Sensory fraud*）的情况。在描述了“感官饱和度”虚拟现实技术的神经科学基础后，我的角色发展把人类变成了环保主义者，她说：“嘿，你为什么不给我写一本神经科学的书呢？”我说：“嗯？”她说：“当然，你既是科学家又是作家，这太棒啦！”于是，我开始为她写书，我享受创作的每一秒钟。

我还要感谢 Viva Editions 出版社的伯克利分社和泽西城分社的每一位同仁，感谢你们创造了你们手中如此美丽的作品，感谢你们对我的包容，特别感谢约瑟芬•梅隆（Josephine Mellon），她从读者的角度出发，把本书从头到尾梳理了一遍，她的心里充满了温暖和深情。

当然，还要感谢凯伦（Karen）、巴克利（Buckley）教授。亲爱的艾比（Abby），如果没有你的陪伴与支持，还有你的狗，我什么也干不了。

后　记

我的名片上写着我是一名科学家、技术专家和小说家。因此，让我承认我写这本书的个人原因：作为一名技术专家，我敏锐地意识到，当我们把一个概念从一个领域应用到另一个领域时，就得具有解决重大问题所必需的创造力。作为一名小说家，我开始了解塑造吸引读者的角色和情节的最佳技巧，并将它们真正融入我的故事。作为一名经验丰富的科学家，我想了解科学的艺术，想了解为什么我们追求优雅的描述，为什么我们研究我们研究的东西。我希望本书已经帮助你们理解自己的创新引擎，还希望你们现在可以拥有比以前更多的创造力。

书籍是思想的胶囊，阅读书籍就像阅读作者的思想。这是一种亲密的体验，应该会产生熟悉感。所以，请把你们的想法分享给我。

我的邮箱是：ransom@ransomstephens.com。

我的网站是：www.ransomstephens.com。这个网址可以链接到我的科学文章和其他书籍。

我希望，以前相关的事物，以后继续相关，我喜欢啤酒胜于葡萄酒，喜欢茶胜于咖啡，喜欢硬式摇滚乐胜于爵士乐，我在奥克兰突袭者主场比赛中大喊脏话来寻求安慰。咱们在黑洞里见吧。

兰塞姆·斯蒂芬斯博士
加利福尼亚州佩塔卢马
2016 年 3 月

参考文献

大众科学图书面向的是你和我这样的非专业读者，所以我不喜欢脚注。有的脚注有用，但迫使读者在整篇文章中来回跳跃着阅读备注信息，从而破坏了叙事的连贯性。如果脚注足够明智，就应该巧妙地融入文章当中。有的脚注没有用，只是引用而已，那又何苦呢？引文在被引用的期刊文章中起着重要的作用。在本书中，每当我们遇到一个不是很确定的话题时，比如艾伦•斯奈德关于如何诱导学者现象的观点，或者是某人的发明，比如 V. S. 拉玛钱德朗的神经美学法则，我都会告诉大家消息的来源。

无论如何，这里有一份书单供你查阅，它更详细地介绍了我们在本书中阐述的内容的各个方面。这里的大部分内容是由在职的专业神经科学家撰写，都是按字母顺序排列的。

相关阅读推荐

1. Robert Burton, *On Being Certain : Believing you Are right Even When you're not,* St. Martin's Press, 2008.

2. Robert Burton, *A Skeptic's guide to the Mind : What Neuroscience Can and Cannot Tell Us About Ourselves*, St. Martin's Press, 2013.

3. Susan Cain, *Quiet : The Power of introverts in a World That Can't Stop Talking*, Broadway Books, 2012.

4. Rita Carter, *Mapping the Mind*, University of California Press, updated edition, 2010.

5. Mihaly Csikszentmihalyi, *Finding Flow*, Basic Books, 1997.

6. Antonio Damasio, *Descartes' Error : Emotion, Reason, and the Human Brain*, Penguin Books, 1994; and *Self Comes to Mind: Constructing the Conscious Brain*, Vintage Books, 2010.

7. Stanislaus Dehaene, *The number Sense : How the Mind Creates Mathematics*, Oxford University Press, 2011.

8. Paul Ekman, *Emotions Revealed: Recognizing Faces and Feelings to Improve Communication and Emotional Life*, second edition, Holt Paperbacks, 2007.

9. Gerald M. Edelman, *Wider Than the Sky : The Phenomenal Gift of Consciousness*, Yale University Press, 2005.

10. Michael S. Gazzaniga, *Who's in Charge : Free Will and the Science of the Brain*, HarperCollins, 2011.

11. Steven Jay Gould, *The Mismeasure of Man*, W.W. Norton, 1981.

12. Jeff Hawkins, *On Intelligence : How a New Understanding of the Brain Will Lead to the Creation of Truly Intelligent Machines*, St. Martin's Press, 2004.

13. Douglas Hofstadter, *I Am a Strange Loop*, Basic Books, 2007.

14. Steven Johnson, *Emergence : The Connected Lives of Ants, Brains, Cities, and Software*, Scribner, 2001.

15. Eric R. Kandel, *The Age of Insight : The Quest to Understand the Unconscious in Art, Mind, and Brain*, Random House, 2012.

16. Daniel Kahneman, *Thinking Fast and Slow*, Farrar, Straus, and Giroux, 2011.

17. Christof Koch, *Consciousness : Confessions of a Romantic Reduc - tionist*, MIT Press, 2012.

18. Matthew D. Lieberman, *Social : Why Our Brains are Wired to Connect*, Crown Publishers, 2013.

19. Iain McGilchrist, *The Master and his Emissary : The Divided Brain and the Making of the Western World*, Yale University Press, 2009.

20. Isaac Newton, *Philosophiae Naturalis Principia Mathematica*, 1687; in English, *Principia*, 1728.

21. Steven Pinker, *How the Mind Works*, W.W. Norton, 1997.

22. V. S. Ramachandran, *The Tell-Tale Brain: A neuroscientist's Quest for What Makes Us human*, W.W. Norton, 2011.

23. Sebastian Seung, *Connectome : How the Brain's Wiring Makes Us Who We Are*, Houghton Mifflin Harcourt, 2012.

24. David Shenk, *The Genius in All of Us : New Insights into Genetics, Talent, and iQ*, Anchor Books, 2010.

25. Mark Turner, *The Origin of Ideas : Blending, Creativity, and the Human Spark*, Oxford University Press, 2014.

其他参考资料

1. Douglas Adams, *A hitchhiker's Guide to the Galaxy*, Pan Books,1979.

2. Chuck Berry, *Johnny B. goode*, Chess Studios, 1958.

3. Elvis Costello and Paul McCartney, "Veronica," from the album *Spike*, Warner Brothers, 1989.

4. Richard Feynman, Robert Leighton, and Matthew Sands, *The Feynman Lectures on Physics*, Addison-Wesley, 1963.

5. Graham Greene, *The Quiet American*, William Heinemann, 1958.